Burkhard Bohne
Peter Dietze

Taschenatlas
Giftpflanzen

170 Wild- und Zierpflanzen im Porträt

Ulmer

Inhalt

Bibliografische Information der Deutschen Nationalbibliothek
Die Deutsche Bibliothek verzeichnet diese Publikation in der Deutschen Nationalbibliografie; detaillierte bibliografische Daten sind im Internet über http://dnb.d-nb.de abrufbar.

Wollgrasweg 41,
70599 Stuttgart (Hohenheim)
E-Mail: info@ulmer.de
Internet: www.ulmer.de
Umschlaggestaltung: Atelier Reichert, Stuttgart
Lektorat: Doris Kowalzik
Herstellung: Thomas Eisele
Satz: Dörr+Schiller, Stuttgart
Reproduktion: TBM-Repro, Remseck
Druck und Bindung: Firmengruppe Appl, aprinta druck, Wemding
Printed in Germany

ISBN 978-3-8001-5372-5

Vorwort

Giftpflanzen, welch ein geheimnisumwittertes Wort.

Viele Menschen denken sofort an Giftmorde, an Pfeilgifte, an giftige Heilpflanzen und auch an Rauschdrogen. Eltern, Großeltern und Erzieher haben häufig von Vergiftungsunfällen gehört, die durch den Verzehr von Pflanzen verursacht wurden. Bei Gartenführungen und Exkursionen durch den Arzneipflanzengarten sind Giftpflanzen stets von allergrößtem Interesse. Häufig taucht die Frage auf, ob es sinnvoll ist, alle Giftpflanzen aus Haus und Garten zu entfernen. Ich halte diese Idee für überzogen und bin der Meinung, dass es sinnvoller ist, Kinder anzuhalten mit Pflanzen und besonders mit Giftpflanzen vernünftig umzugehen. Das ist natürlich nicht immer ganz einfach. Auch mein jüngster Sohn Robert ließ es sich als Kleinkind nicht nehmen, einmal in unserem Garten hochgiftige Rizinussamen zu verspeisen. Nach solch einem Vorfall kann es lebensrettend sein, sehr schnell geeignete Maßnahmen einzuleiten.

In dem jetzt vorliegenden Taschenatlas finden Sie zahlreiche Porträts unserer wichtigsten Giftpflanzen. Neben aussagekräftigen Bildern finden Sie Pflanzenbeschreibungen und Standortangaben zu den einzelnen Pflanzen. Angaben zu Giftigkeit und Vergiftungserscheinungen helfen die von den Pflanzen ausgehenden Gefahren richtig einzuordnen.

Ich möchte an dieser Stelle all jenen danken, die an dem Erscheinen dieses Buches mitgearbeitet haben. An erster Stelle möchte ich meinem langjährigen Partner Herrn Peter Dietze danken, der mit seinem Datenbankprogramm *PlantaPro* unsere Inhalte und Bilder verwaltet und damit die Grundlage für das Buch geschaffen hat. Frau Susanne Dietze danke ich für das Korrekturlesen des Ausgabetextes. Nicht zuletzt danke ich Frau Doris Kowalzik stellvertretend für alle Mitarbeiter/-innen des Verlages Eugen Ulmer für das Layout und für die Herstellung des Buches.

Burkhard Bohne
Braunschweig, im Januar 2007

Einführung

Pflanzen sind standortgebundene Lebewesen. Sie können vor Fraßfeinden (**Herbivoren**) nicht weglaufen oder sich verstecken. Aus diesem Grund haben sie im Laufe ihrer Anpassung an die sie umgebende feindliche Umwelt wirkungsvolle mechanische und chemische Abwehrmechanismen entwickelt. Besonders auffallend sind morphologische Schutzmaßnahmen wie die Stacheln der Rose, die Dornen der Kakteen oder die Brennhaare der Brennnessel, die wie Injektionsspritzen funktionieren. Mit jedem Stich wird ein Tröpfchen Sekret in die Haut injiziert, das einen starken Schmerzreiz auslöst. Viele Pflanzen schmecken bitter oder scharf, riechen intensiv oder sind eben giftig. Hinter all diesen Eigenschaften verbergen sich chemische Stoffe, wir nennen sie **sekundäre Pflanzenstoffe**, die Pflanzen zu ihrer Verteidigung bilden und oft in großen Mengen speichern. Die in enormer Vielfalt in Pflanzen vorkommenden Sekundärstoffe können in ihrer Gesamtheit wirkungsvoll Pflanzenkrankheiten auslösende Pilze, Bakterien und Viren abwehren und pflanzenfressenden Tieren wie Insektenlarven (Raupen), Blattkäfern, Vögeln oder Säugetieren den Appetit verderben.

Zur Abwehr von Bakterien dienen häufig Moleküle mit antibiotischer Wirkung (Saponine, Gerbstoffe, Lauchöle, Senföle, oder Komponenten von ätherischen Ölen). Mikroorganismen dringen von außen in die Pflanze ein. Dieser Vorgang wird durch Abwehrstoffe, die sich auf oder unmittelbar unter der Oberfläche der pflanzlichen Gewebe befinden, wie ätherische Öle in den Drüsenhaaren von Blättern oder Gerbstoffe in den äußeren Schichten der Baumrinde, erschwert. Da die Infektion durch Mikroorganismen ein langsamer Vorgang ist, reagiert die Pflanze auf eine Infektion durch eine verstärkte, lokal begrenzte Bildung antimikrobiell wirksamer Stoffe (Phytoalexine). Die **Phytoalexine** töten die in eine Zelle eingedrungen Krankheitserreger ab, wobei auch die infizierte Zelle geopfert wird. Anschließend wird das umliegende Gewebe durch Bildung von verdickten, oft verkorkten Zellwänden abgedichtet. Es bleiben Narben oder Nekrosen zurück, die man im Sommer oft als kleine braune Flecken auf der Oberfläche von Blättern sieht. Sie sind Zeugnis einer erfolgreichen Infektionsabwehr der Pflanze.

Der chemische Schutz gegen die Herbivoren ist außerordentlich vielfältig. So lagern manche Pflanzen (z. B. Aronstab) in ihren

Zellen gebündelte nadelförmige Kristalle (**Raphiden**) oder Kristalle, die wie Morgensterne aussehen (**Drusen**) ab. Diese Kristalle wirken auf fressende Insekten wie kleine Dolche, wir empfinden sie als unangenehm kratzend und reizend auf unseren Schleimhäuten. Hautreizend wirkt auch das **Mezerein** des sehr giftigen Seidelbastes (*Daphne mezereum*), welches besonders in der Rinde und in den Beeren angereichert ist oder auch Giftstoffe von Hahnenfußarten. Die Blätter anderer Pflanzen wie z. B. die Herkulesstaude (*Heracleum mantegazzianum*) oder die Weinraute (*Ruta graveolens*) enthalten **fototoxische Furanocumarine**. Diese Stoffe reagieren im Sonnenlicht mit Hautbestandteilen und können dadurch lang anhaltende schmerzhafte Entzündungen auf der Haut auslösen. Auch die juckenden roten Flecken, die man nach einem ausgiebigen Sonnenbad auf einer frischen grünen Wiese am nächsten Tag auf der Haut findet (Wiesenpflanzen-Dermatitis) werden durch fototoxische Reaktionen ausgelöst. Viele Pflanzen signalisieren Ungenießbarkeit durch ihren ausgeprägt bitteren Geschmack. Das gilt für die herzwirksamen **Glykoside** des Roten Fingerhutes (*Digitalis purpurea*) ebenso wie für die giftigen **Alkaloide** des Goldregens (*Laburnum anagyroides*).

Viele sekundäre Pflanzenstoffe sind giftig, weil sie das Nervensystem von Mensch und Tier empfindlich stören können. So blockieren die **Tropanalkaloide** der Tollkirsche (*Atropa belladonna*) die Reizleitung zwischen Nerven und Muskeln. Dies führt bei schweren Vergiftungen zum Tod durch Atemlähmung. Das **Nikotin** der Tabakpflanze (*Nicotiana tabacum*), das früher zur Insektenbekämpfung verwendet wurde, aktiviert die Reizleitung zwischen Nerv und Muskel so stark, dass bei einer Vergiftung der Dauerreiz zum Tod durch Atemlähmung führen kann. Viele dieser Nervengifte wirken auch auf das Zentralnervensystem und werden dann wie z. B. das **Opium** des Schlafmohns (*Papaver somniferum*) oder das Kokain des südamerikanischen Kokastrauchs als Rauschgift missbraucht.

In der Natur kann man oft beobachten, dass Giftpflanzen nicht für alle Tiere gleich giftig sind. So können viele Vögel unbeschadet die hoch giftigen Tollkirschen fressen. Genauso findet man auf den meisten Giftpflanzen bestimmte Insekten, denen das Gift ganz offensichtlich nichts ausmacht. Im Laufe der Evolution haben sie sich an bestimmte Pflanzen angepasst und so eine Nische gefunden, in der sie ungestört leben können. Auf den ersten Blick ist es schwer zu verstehen, dass manche Pflanzen in allen Teilen hochgiftig sind – mit Ausnahme der Früchte oder Samen. Gerade Samen und Früchte, die den Fortbestand der Art sichern, sollten eigentlich besonders wirkungsvoll geschützt sein. Bei manchen Pflanzen sind die im Inneren des Fruchtfleisches angeordneten Samen gegen die Verdauung im Darm der Tiere resistent. Sie werden unverdaut mit dem Kot ausgeschieden und dadurch weit verbreitet. So ist es leicht zu verstehen, warum einige hochgiftige Pflanzen genießbare Früchte (*Berberitzen, Mahonien*) oder Samenmäntel (*Eibe*) haben, die auch noch auffällig gefärbt sind und damit Vögel anlocken.

Im Taschenatlas Giftpflanzen werden für den Menschen giftige Pflanzen vorgestellt. Früher waren Vergiftungsunfälle recht häufig zu beklagen. Heilpflanzen wurden beim Sammeln mit giftigen Pflanzen verwechselt und nicht alle Heilkräuter wurden sachgemäß angewendet. Heute treten Vergiftungen durch Verwechslung von giftigen mit essbaren Pflanzen oder auch durch Missbrauch von giftigen Pflanzen z. B. als Rauschmittel auf. Es ist daher von großer Bedeutung giftige Pflanzen erkennen und richtig einordnen zu können. Wir unterscheiden in diesem Taschenatlas zwischen für den Menschen sehr stark giftigen, stark giftigen und giftigen Pflanzen.

Die Angaben zu den Vergiftungserscheinungen in diesem Buch bilden keine Grundlage für Diagnosen!

Sollten Sie mit durch Pflanzen verursachten Vergiftungen zu tun haben, kann es lebensrettend sein, die Pflanzen zu identifizieren und die ersten richtigen Maßnahmen einzuleiten.
Bei jedem Verdacht auf schwere Vergiftungen muss sofort der Notarzt gerufen oder eine Klinik aufgesucht werden. Sehr wichtig ist es, die Pflanze oder die Pflanzenteile, die vermutlich zu der Vergiftung führten, sicherzustellen und dem Arzt vorzulegen.
Bei leichteren Vergiftungen oder beim Warten auf das Eintreffen des Arztes können folgende Maßnahmen ergriffen werden:

- Hautreizende Gifte werden mit Wasser und Seife abgespült.
- Bei durch den Mund aufgenommenen Giften wird Medizinalkohle gegeben, um die Resorption des Giftes zu reduzieren.

Achtung, bei jeder Vergiftung muss nach Einleitung der Erste-Hilfe-Maßnahmen ein Arzt konsultiert oder eine Klinik aufgesucht werden!

Erläuterung der Symbole

	Die Pflanze ist schwach giftig.
	Die Pflanze ist stark giftig.
	Die Pflanze ist sehr stark giftig.
	Lebensform: Baum.
	Lebensform: Strauch.
	Lebensform: mehrjährige, krautige Pflanze.
	Lebensform: einjährige Pflanze.
	Lebensform: zweijährige Pflanze.
	Lebensform: Kletterpflanze.
	Die Pflanze bevorzugt einen sonnigen Standort.
	Die Pflanze bevorzugt einen schattigen Standort.
	Die Pflanze bevorzugt einen halbschattigen Standort.
	Die Pflanze bevorzugt einen sonnigen bis halbschattigen Standort.
	Die Pflanze bevorzugt einen halbschattigen bis schattigen Standort.
	Die Pflanze bevorzugt einen sonnigen bis schattigen Standort.
	Die Pflanze blüht vorwiegend im Frühjahr.
	Die Pflanze blüht vorwiegend im Sommer.
	Die Pflanze blüht vorwiegend im Herbst.
	Die Pflanze blüht vorwiegend im Winter.

Giftpflanzen von A bis Z

Aconitum lycoctonum subsp. vulparia

Fuchs-Eisenhut, Wolfs-Eisenhut

Herkunft: Mitteleuropa, Niederlande, Frankreich, Italien, Rumänien.

Blatt: Grün gefärbt; handförmig geteilt; Blattende zugespitzt.

Blüte: Einzelblüten helmförmig, hellgelb oder grüngelb, in Trauben stehend; VI–VIII.

Frucht: Aufspringende Balgfrüchte.

Wuchs: Staude; 1,0–1,4 m hoch.

Standort: Absonniger bis schattiger Standort; frische, neutrale bis alkalische Böden mit normalem bis hohem Nährstoffgehalt.

Vorkommen: Auwälder, feuchte Laubmischwälder.

Giftige Pflanzenteile: Die gesamte Pflanze ist sehr stark giftig, besonders Wurzeln und Samen.

Vergiftungserscheinungen: Aconitin ist eines der stärksten Pflanzengifte überhaupt. Es hat zuerst erregende, später lähmende Wirkung auf sensible und motorische Nerven; bereits 2–5 mg der giftigen Pflanzenteile oral aufgenommen können durch Atemlähmung und Herzstillstand zum Tod führen. Aconitin wird auch über die unverletzte Haut aufgenommen.

Warnungen: Vorsicht beim Umgang mit der Pflanze! Eisenhut ist eine der giftigsten bei uns vorkommenden Pflanzen.

Die Extrakte des Fuchs- oder Wolfs-Eisenhutes wurden von den Germanen zur Vergiftung von Wölfen und Füchsen verwendet.

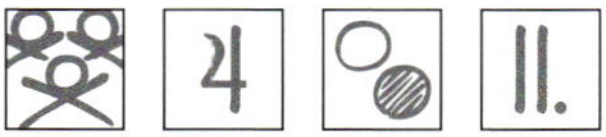

Aconitum napellus

Blauer Eisenhut, Echter Eisenhut

Herkunft: Europa.

Blatt: Dunkelgrün gefärbt; 5- bis 7-teilig; Blattende zugespitzt.

Blüte: Helmförmige Einzelblüten, dunkelblau, in Trauben stehend; VII–VIII.

Frucht: Aufspringende Balgfrüchte.

Wuchs: Staude/Schnittblume; 1,0–2,0 m hoch.

Standort: Absonniger bis halbschattiger Standort; frische bis sehr feuchte, schwach saure bis schwach alkalische Böden mit hohem bis sehr hohem Nährstoffgehalt.

Vorkommen: Gebirgswälder, Gärten, Staudenfluren.

Giftige Pflanzenteile: Die gesamte Pflanze ist sehr stark giftig, besonders Wurzeln und Samen.

Vergiftungserscheinungen: Aconitin ist eines der stärksten Pflanzengifte überhaupt. Es hat zuerst erregende, später lähmende Wirkung auf sensible und motorische Nerven; bereits 2–5 mg der giftigen Pflanzenteile oral aufgenommen können durch Atemlähmung und Herzstillstand zum Tod führen. Aconitin wird auch über die unverletzte Haut aufgenommen.

Warnungen: Vorsicht beim Umgang mit der Pflanze! Eisenhut ist eine der giftigsten bei uns vorkommenden Pflanzen.

Der Blaue Eisenhut war bereits im Altertum als Giftpflanze bekannt. Er wurde genutzt, um Schwerter und Pfeilspitzen zu vergiften und erlangte auch als Mordgift einen zweifelhaften Ruhm. *Aconitum* ist heute ein verbreitetes homöopathisches Arzneimittel gegen fieberhafte Erkältungskrankheiten.

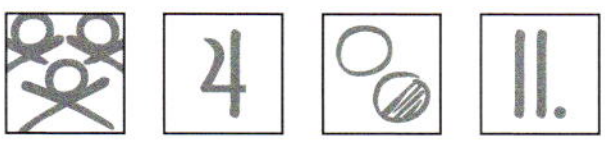

Adenium obesum
Wüstenrose

Herkunft: Arabien, Ostafrika, Sudan, Ägypten, Äthiopien.
Blatt: Grün gefärbt; eiförmig.
Blüte: Trichterförmige Blüten, weißlich rosa; IV–IX.
Wuchs: Zimmerpflanze; am Naturstandort 3–5 m hoch.
Vorkommen: Bei uns als Zierpflanze.
Giftige Pflanzenteile: Der Milchsaft ist stark giftig.
Vergiftungserscheinungen: Der Pflanzensaft zeigt cytotoxische Eigenschaften.

Ursprünglich kommt die Wüstenrose aus Afrika. In ihrer Heimat wird sie als Pfeilgift verwendet. Bei uns wird die Pflanze als Zimmerpflanze kultiviert.

Adonis vernalis

Frühlings-Adonisröschen

Herkunft: Europa, Kaukasusländer, Russland.
Blatt: Grün gefärbt; linealisch; Blattende zugespitzt.
Blüte: Schalenförmige Blüten, goldgelb; IV–V.
Frucht: Kugelig abgeflachte bis verkehrt eiförmige Nüsschen.
Wuchs: Staude; 0,15–0,25 m hoch.
Standort: Sonniger bis absonniger Standort; trockene, neutrale bis alkalische Böden mit sehr geringem bis geringem Nährstoffgehalt.
Vorkommen: Steppenrasen.
Giftige Pflanzenteile: Die gesamte Pflanze ist stark giftig.
Vergiftungserscheinungen: Die Vergiftungserscheinungen ähneln in abgeschwächter Form denen der Digitalisvergiftung: Übelkeit, Erbrechen, Lähmungen, Krämpfe und Sehstörungen. Der Tod tritt durch Herzstillstand ein.

Adoniskraut wurde früher als Mittel gegen Wassersucht, Gicht und Nierensteine verwendet. Gegen Ende des 19. Jahrhunderts wurde seine Herzwirkung entdeckt. Heute werden die Inhaltsstoffe in Kombinationspräparaten zur Behandlung von leichter Herzschwäche verwendet.

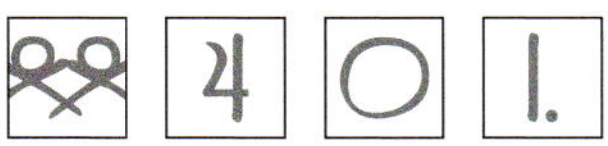

Aethusa cynapium

Hundspetersilie

Herkunft: Europa, Kaukasusländer, Amerika, Türkei, Algerien.
Blatt: Grün gefärbt; 2- bis 3-fach gefiedert.
Blüte: Einzelblüten sternförmig, klein, weiß, in Dolden stehend; V–VI.
Frucht: Kugelig.
Wuchs: Staude; 0,5–0,8 m hoch.
Standort: Sonniger Standort; frische bis feuchte, schwach saure Böden mit geringem bis normalem Nährstoffgehalt.
Vorkommen: Schuttflächen, Äcker.
Giftige Pflanzenteile: Die gesamte Pflanze ist sehr stark giftig, besonders die Früchte.
Vergiftungserscheinungen: Brennen in Mund und Rachen, kalter Schweiß, Pupillenerweiterung, Sehstörungen, aufsteigende Lähmungen. Der Tod erfolgt durch Atemlähmung.

Die Pflanze war schon in prähistorischen Zeiten bekannt. Im Mittelalter wurde die Hundspetersilie als anerkannte Heilpflanze genutzt. Hundspetersilie ist als Wildpflanze häufig in unseren Gärten zu finden. Da sie leicht mit der glattblättrigen Petersilie verwechselt werden kann, wird heute die krausblättrige Form der Pflanze als Küchenkraut bevorzugt.

4 O 1.

Agapanthus africanus
Afrikalilie

Herkunft: Südafrika.
Blatt: Grün gefärbt; breit linealisch.
Blüte: Einzelblüten trichterförmig, hellblau, zu 20 bis 30 in Dolden stehend; VI–VIII.
Frucht: Kapsel.
Wuchs: Zimmerpflanze; 0,4–0,7 m hoch.
Vorkommen: Bei uns als Zierpflanze.
Giftige Pflanzenteile: Die Zwiebel ist giftig.
Vergiftungserscheinungen: Vergiftungen sind bisher nicht bekannt geworden.

Agapanthus praecox subsp. praecox
Immergrüne Schmucklilie, Blaue Afrikalilie

Herkunft: Südafrika.
Blatt: Hellgrün gefärbt; breit linealisch; Blattende abgerundet.
Blüte: Einzelblüten trichterförmig, hellblau, sehr zahlreich in Dolden stehend, Blütenschaft lang; VII–VIII.
Frucht: Kapsel.
Wuchs: Staude/Schnittblume; 1,0–2,0 m hoch.
Vorkommen: Bei uns als Zierpflanze.
Giftige Pflanzenteile: Die Zwiebel ist giftig.
Vergiftungserscheinungen: Vergiftungen sind bisher nicht bekannt geworden.

Aglaonema commutatum
Kolbenfaden

Herkunft: Philippinen, Sulawesi.
Blatt: Grün gefärbt; länglich-eiförmig; Blattende zugespitzt.
Blüte: Spatha grün oder cremeweiß; V–VIII; Blüte unscheinbar.
Frucht: Ovale Beere; leuchtend hellrot.
Wuchs: Zimmerpflanze; 0,5–0,8 m hoch; am Naturstandort 1,5–2,0 m hoch.
Vorkommen: Bei uns als Zierpflanze.
Giftige Pflanzenteile: Die gesamte Pflanze ist sehr stark giftig.
Vergiftungserscheinungen: Vergiftungserscheinungen sind u. a. Brennen auf der Zunge, Hautrötungen, Blasen und heftigste Entzündungen, Herzrhythmusstörungen und schließlich Lähmung des Zentralnervensystems.

Die Heimat der *Aglaonema* sind die immergrünen Wälder in Indonesien. Von den etwa 50 im Ursprungsgebiet beheimateten Arten, sind einige bei uns als Zimmerpflanzen in Kultur. Sie können in einem warmen, halbschattigen Raum gut gehalten werden.

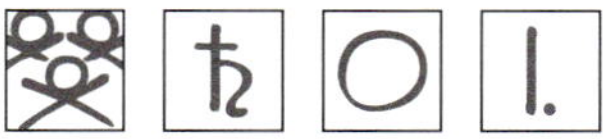

Agrostemma githago
Gewöhnliche Kornrade

Herkunft: Europa, Amerika, Russland, Mittelasien, China, Amur, Türkei, Syrien, Iran, Libyen, Afrika.
Blatt: Grauweiß gefärbt; linealisch.
Blüte: Blüten radiär, karminrot (im Verblühen sandsteinfarben); VI–VII.
Frucht: Spaltfrucht.
Wuchs: Einjährig; 0,6–1,0 m hoch.
Standort: Sonniger bis absonniger Standort; trockene bis frische, schwach saure bis schwach alkalische Böden mit normalem Nährstoffgehalt.
Vorkommen: Äcker.
Giftige Pflanzenteile: Die gesamte Pflanze ist stark giftig.
Vergiftungserscheinungen: Schleimhautreizungen, Übelkeit, Kopfschmerzen, beschleunigter Puls, Krämpfe und zuletzt Atemlähmung.
Warnungen: Die Pflanze gilt als giftig für Pferde, Rinder und Schweine. Heute ist eine Vergiftung sehr selten.

Die Kornrade war in früheren Jahren ein verbreitetes Unkraut in unseren Getreidefeldern. Durch den Verzehr von schlecht gereinigtem Korn wurden zahlreiche Vergiftungsunfälle ausgelöst. Die Kornrade diente im Mittelalter aber auch als Arzneipflanze. Heute ist die Pflanze durch den massenhaften Einsatz von Herbiziden nahezu ausgestorben.

Ailanthus altissima
Chinesischer Götterbaum

Herkunft: Europa, Amerika, China.
Blatt: Oberseite dunkelgrün, Unterseite blaugrün gefärbt; 6- bis 12-paarig gefiedert mit 13 bis 25 Blättchen; Blattende zugespitzt.
Blüte: Einzelblüten klein, grünlich weiß, in aufrechten Rispen stehend; VI–VII.
Frucht: Nuss; sonnenseits leuchtend rot.
Wuchs: Gehölz; 20–25 m hoch; Durchmesser 10–15 m.
Standort: Sonniger bis absonniger Standort.
Vorkommen: Parks.
Giftige Pflanzenteile: Samen und Rinde giftig.
Vergiftungserscheinungen: Übelkeit, kalte Schweissausbrüche, starke Kopfschmerzen, Taubheit und Kribbeln in den Gliedmaßen. Auch hautreizend.

Aloe ferox
Kap-Aloe

Herkunft: Südafrika.
Blatt: Grün gefärbt; lanzettlich; Blattende stachelspitzig.
Blüte: Schmal röhrenförmige Einzelblüten, blassrot, in aufrechten Trauben stehend; VI–IX.
Frucht: Kapseln.
Wuchs: Am Naturstandort 2,0–3,0 m hoch.
Vorkommen: Bei uns als Zierpflanze.
Giftige Pflanzenteile: Die gesamte Pflanze ist giftig.
Vergiftungserscheinungen: Aloine haben stark abführende Wirkung, es kann zu Darmblutungen und im Extremfall zu Uterusblutungen kommen. Bei der Herstellung der Droge ist Kontaktdermatitis möglich.

Aloe vera

Echte Aloe, Barbados-Aloe

Herkunft: Indien, Arabien, Südafrika.
Blatt: Grün gefärbt; lanzettlich; Blattende stachelspitzig.
Blüte: Röhrenförmige Einzelblüten, goldgelb, grün gestreift, in aufrechten Trauben stehend; I–IV.
Frucht: Kapsel; oval.
Wuchs: Am Naturstandort 2,0–3,0 m hoch.
Vorkommen: Bei uns als Zierpflanze.
Giftige Pflanzenteile: Die gesamte Pflanze ist giftig.
Vergiftungserscheinungen: Aloine haben stark abführende Wirkung, es kann zu Darmblutungen und im Extremfall zu Uterusblutungen kommen. Bei der Herstellung der Droge ist Kontaktdermatitis möglich.

Anagallis arvensis

Acker-Gauchheil

Herkunft: Europa, Amerika, Asien, Neuseeland, Australien.
Blatt: Grün gefärbt; eiförmig.
Blüte: Blüten tellerförmig, hellkarminrot; VI–X.
Frucht: Kapsel; kugelig.
Wuchs: Einjährig; 0,1–0,3 m hoch.
Vorkommen: Schuttflächen, Äcker.
Giftige Pflanzenteile: Die gesamte Pflanze ist giftig, besonders die Wurzel.
Vergiftungserscheinungen: Zittern, wässriger und breiiger Stuhl, Entzündungen des Verdauungskanals und schwache Narkotisierung. Vergiftungen wurden vor allem bei Haustieren beobachtet. Hautdermatitis möglich.

Andromeda polifolia

Kahle Rosmarinheide, Echte Lavendelheide

Herkunft: Europa, Grönland, Alaska, Kanada, USA, Russland, Mittelasien, Japan, Amur.

Blatt: Oberseite dunkelgrün, Unterseite hellblau bis hellsilbrig gefärbt; linealisch; Blattende zugespitzt.

Blüte: Einzelblüten kugelig-glockig, weiß oder rosa, in 2- bis 8-blütigen Doldentrauben; V–VII.

Frucht: Kapsel; eiförmig bis fast kugelig, 5-fächrig.

Wuchs: Gehölz; 0,10–0,20 m hoch.

Standort: Sonniger Standort; feuchte bis sehr feuchte, stark saure bis saure Böden mit sehr geringem bis hohem Nährstoffgehalt.

Vorkommen: Moore.

Giftige Pflanzenteile: Laub und Blüten sind stark giftig.

Vergiftungserscheinungen: Brennen im Mund mit erhöhtem Speichelfluss und Schluckbeschwerden sowie Schwindel, Krämpfe, rauschähnliche Zustände, schwacher Puls und Atemnot. Der Tod erfolgt durch Atemlähmung. Vergiftungen sind immer wieder bei Weidetieren zu beobachten.

Wegen des Rückgangs der Sumpf- und Moorlandschaften sind die Bestände der Rosmarinheide stark rückläufig. Die Pflanze wird wegen ihrer blutdrucksenkenden Wirkung zusammen mit anderen Wirkstoffen pharmazeutisch verwendet.

Anemone nemorosa

Busch-Windröschen

Herkunft: Europa, Türkei.
Blatt: Grün gefärbt; handförmig, gelappt bis dreilappig; Blattende abgerundet.
Blüte: Blüten schalenförmig, weiß (nach außen leicht gerötet), bei Regen geschlossen; III–V.
Frucht: Schließfrucht.
Wuchs: Staude; 0,15–0,25 m hoch.
Vorkommen: Gebüsche, Laubwälder, Wiesen.
Giftige Pflanzenteile: Die gesamte Pflanze ist giftig.
Vergiftungserscheinungen: Übelkeit, Durchfall und die Neigung zu Blutungen.
Warnungen: Der Saft kann Hautreizungen verursachen.

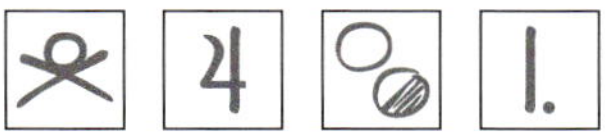

Anemone ranunculoides

Gelbes Windröschen, Gelbes Buschwindröschen

Herkunft: Europa, Kaukasusländer, China, Türkei.
Blatt: Grün gefärbt; 3- bis 5-teilig.
Blüte: Blüten schalenförmig, gelb; IV–V.
Frucht: Schließfrucht.
Wuchs: Staude; 0,15–0,20 m hoch.
Standort: Halbschattiger bis schattiger Standort; frische bis feuchte, neutrale bis alkalische Böden mit hohem bis sehr hohem Nährstoffgehalt.
Vorkommen: Auwälder, Laubwälder.
Giftige Pflanzenteile: Die gesamte Pflanze ist giftig.
Vergiftungserscheinungen: Übelkeit, Durchfall, evtl. Blutungen und Hautreizungen.

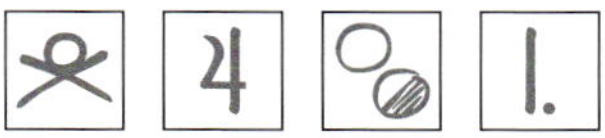

Anthurium-Scherzerianum-Hybr.

Kleine Flamingoblume

Blatt: Grün gefärbt; lanzettlich.
Blüte: Spatha flach, Blütenkolben gedreht, rot; II–VII.
Frucht: Beere.
Wuchs: Zimmerpflanze; 0,4–0,6 m hoch.
Vorkommen: Bei uns als Zierpflanze.
Giftige Pflanzenteile: Junge Blätter sind giftig.
Vergiftungserscheinungen: Übelkeit, Erbrechen und Durchfall.
Warnungen: Das Berühren der Pflanze kann Hautreizungen verursachen.

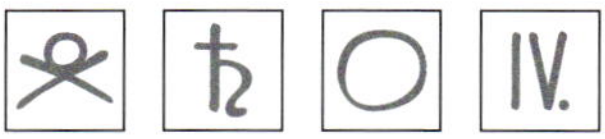

Aquilegia vulgaris

Gewöhnliche Akelei

Herkunft: Europa, Marokko, Algerien, Makaronesien.
Blatt: Grün bis blaugrün gefärbt; rundlich, gelappt; Blattende abgerundet.
Blüte: Blüten glockenförmig, überhängend, mit je 5 Blütenhüllblättern und gespornten Honigblättern, dunkelblau; V–VI.
Frucht: Balgfrucht, vielsamig.
Wuchs: Staude; 0,3–0,4 m hoch.
Vorkommen: Gebüsche, Wiesen, lichte Wälder.
Giftige Pflanzenteile: Die gesamte Pflanze ist giftig.
Vergiftungserscheinungen: Benommenheit, schwere Ohnmacht, enge Pupillen, Atemnot und Durchfälle.

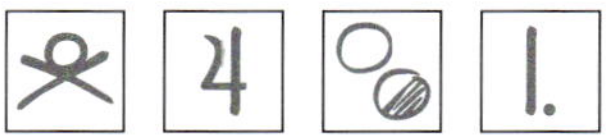

Aralia chinensis

Chinesischer Angelikabaum

Herkunft: China.
Blatt: Oberseite grün, Unterseite hellgrün gefärbt; doppelt gefiedert; Blattende lang zugespitzt.
Blüte: Einzelblüten in Rispen, weiß; VIII–IX.
Frucht: Beerenartige Steinfrucht, kugelig, schwarz.
Wuchs: Gehölz; 2–5 m hoch.
Vorkommen: Parks.
Giftige Pflanzenteile: Die gesamte Pflanze ist giftig, besonders Rinde und Früchte.
Vergiftungserscheinungen: Nicht dokumentiert.
Warnungen: Beim Umgang mit der Pflanze können Hautreizungen auftreten.

Aralia elata

Japanischer Angelikabaum, Stachel-Aralie

Herkunft: Korea, Japan.
Blatt: Oberseite grün, Unterseite hellblaugrün gefärbt; doppelt gefiedert; Blattende zugespitzt.
Blüte: Einzelblüten klein, weiß, in Rispen stehend; VIII–IX.
Frucht: Beerenartige Steinfrucht; rundlich, schwarz.
Wuchs: Strauch; 3–5 m hoch; Durchmesser 3,0–4,0 m.
Vorkommen: Parks.
Giftige Pflanzenteile: Die gesamte Pflanze ist giftig, besonders Rinde und Früchte.
Vergiftungserscheinungen: Beim Umgang mit der Pflanze können Hautreizungen auftreten.

Areca catechu

Betelnuss, Betelnusspalme

Herkunft: Philippinen.
Blatt: Frischgrün gefärbt; gefiedert.
Blüte: Einzelblüten an kolbenförmig verdickten Achsen; gelb; einhäusig.
Frucht: Ovale Steinfrucht; rotorange bis orange.
Wuchs: Zimmerpflanze; 1,0–2,0 m hoch; am Naturstandort 2–30 m hoch.
Giftige Pflanzenteile: Die Früchte sind giftig.
Vergiftungserscheinungen: Brennen in Mund und Rachen, Schwindel, Schweißausbrüche und Brechreiz. In vielen tropischen Ländern ist das Betelkauen verbreitet. Zutaten sind der Samen der Betelnuss, Betelpfeffer (Piper betle), gelöschter Kalk und Gewürze.

Argemone mexicana

Stachelmohn

Herkunft: Mitteleuropa, Europa.
Blatt: Grün gefärbt; fiederspaltig.
Blüte: Blüten schalenförmig, orange oder blassgelb; VI–IX.
Frucht: Kapsel, Samen kugelig.
Wuchs: Einjährig/Halbstrauch; 0,6–0,9 m hoch.
Standort: Sonniger Standort; trockene Böden mit sehr geringem bis geringem Nährstoffgehalt.
Vorkommen: Gärten.
Giftige Pflanzenteile: Die gesamte Pflanze ist giftig, besonders Milchsaft und Samen.
Warnungen: Beim Umgang mit der Pflanze können Hautreizungen auftreten.

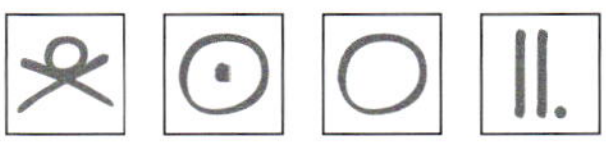

Arum italicum

Italienischer Aronstab

Herkunft: Balkanhalbinsel, Türkei, Mittelmeerraum, Kaukasus, Kanarische Inseln, Madeira.
Blatt: Hellgrün bis dunkelgrün gefärbt; asymmetrisch; Blattende zugespitzt.
Blüte: Blütenkolben weiß oder gelblich grün, von einer grünen Spatha umgeben; IV–V.
Frucht: Kugelige Beere, leuchtend rot.
Wuchs: Staude; 0,2–0,4 m hoch.
Standort: Absonniger bis schattiger Standort; frische bis sehr feuchte, schwach saure bis schwach alkalische Böden mit hohem bis sehr hohem Nährstoffgehalt.
Vorkommen: Parks.
Giftige Pflanzenteile: Die gesamte Pflanze ist sehr stark giftig.
Vergiftungserscheinungen: Brennen auf der Zunge, Hautrötungen, Blasen und heftigste Entzündungen, Herzrhythmusstörungen und schließlich Lähmung des Zentralnervensystems. Die getrocknete Pflanze scheint weit weniger giftig zu sein.

Der Italienische Aronstab wird nördlich der Alpen als Zierpflanze in Parks gepflanzt. Seine Fruchtstände werden gelegentlich in der Floristik verwendet.

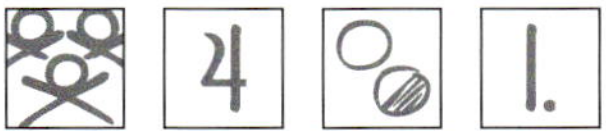

Arum maculatum
Gefleckter Aronstab

Herkunft: Europa, Skandinavien, Türkei.
Blatt: Grün bis dunkelbraun gefärbt; spießförmig; Blattende lang zugespitzt.
Blüte: Bllütenkolben gelblich bis braun mit weißlicher, rötlich gefleckter, tütenförmig gerollter Blütenscheide; IV–V.
Frucht: Kugelige Beere, leuchtend rot.
Wuchs: Staude; 0,3–0,4 m hoch.
Standort: Halbschattiger bis schattiger Standort; frische bis sehr feuchte, schwach saure bis schwach alkalische Böden mit hohem bis sehr hohem Nährstoffgehalt.
Vorkommen: Laubwälder.
Giftige Pflanzenteile: Die gesamte Pflanze ist sehr stark giftig.
Vergiftungserscheinungen: Brennen auf der Zunge, Hautrötungen, Blasen und heftige Entzündungen der Schleimhaut. Auftreten von Blutungen, Herzrhythmusstörungen und schließlich Lähmung des Zentralnervensystems. Die getrocknete Pflanze scheint weit weniger giftig zu sein.

Bereits Dioscurides beschrieb den Aron und Hippokrates verordnete die Pflanze bei Katarrhen der Luftwege. Auch Hieronymus Bock empfiehlt den Aronstab als Heilpflanze. Im Volksglauben schützt der Aronstab vor Unholden. Frische Wurzeln des Gefleckten Aronstabes werden heute zu homöopathischen Arzneimitteln verarbeitet. Anwendungsgebiete sind Entzündungen der oberen Atemwege und Nasenpolypen.

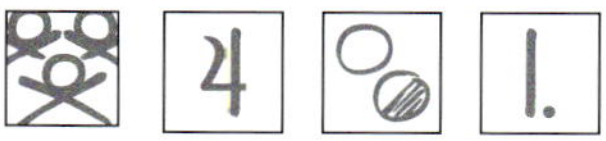

Asarum europaeum
Gewöhnliche Haselwurz

Herkunft: Europa, Russland.
Blatt: Leicht glänzend grün gefärbt; nierenförmig bis rundlich; Blattende abgerundet.
Blüte: Blüten glockenförmig, braun; Blüte unscheinbar; III–V.
Frucht: Kapsel.
Wuchs: Staude; 0,05–0,10 m hoch.
Vorkommen: Gebüsche, Laubwälder.
Giftige Pflanzenteile: Die gesamte Pflanze ist giftig.
Vergiftungserscheinungen: Das ätherische Öl reizt die Magenschleimhäute und es kommt zu Erbrechen. Bei höherer Dosierung kommt es zu Entzündungen innerer Organe, im Extremfall mit Todesfolge.

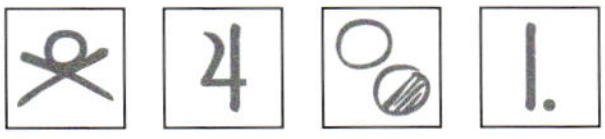

Asclepias syriaca
Gewöhnliche Seidenpflanze, Syrische Seidenpflanze

Herkunft: Europa, USA, westl. Kanada.
Blatt: Grün gefärbt; elliptisch bis länglich; Blattende kurz zugespitzt.
Blüte: Einzelblüten sternförmig, grünlich weiß oder hellrosa, in Dolden stehend; VI–VIII.
Frucht: Balgfrucht; länglich elliptisch, grün.
Wuchs: Staude/Schnittblume; 1,0–2,0 m hoch.
Vorkommen: Bei uns als Zierpflanze.
Giftige Pflanzenteile: Die gesamte Pflanze ist giftig, besonders der Milchsaft.
Vergiftungserscheinungen: Die Pflanze zeigt digitalisähnliche Wirkung.

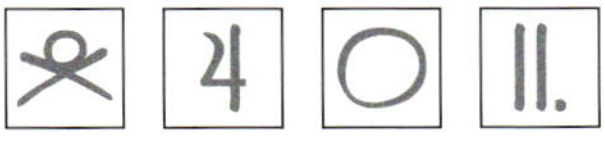

Atropa belladonna
Echte Tollkirsche

Herkunft: Europa, Kaukasusländer, Türkei, Iran, Afrika.
Blatt: Blaugrün gefärbt; breit-lanzettlich; Blattende zugespitzt.
Blüte: Glockenförmige Einzelblüten, braunviolett, am Grund gelblich; VI–IX.
Frucht: Kugelige Beere, schwarz, glänzend.
Wuchs: Staude; 1,0–1,5 m hoch.
Standort: Absonniger bis halbschattiger Standort; frische, neutrale bis alkalische Böden mit hohem bis sehr hohem Nährstoffgehalt.
Vorkommen: Gebüsche, Waldränder, Waldschläge, Wälder.
Giftige Pflanzenteile: Die gesamte Pflanze ist sehr stark giftig.
Vergiftungserscheinungen: Innerhalb von 15 Minuten stellen sich folgende Vergiftungserscheinungen ein: Rötung des Gesichts, Trockenheit der Schleimhäute, Pulsbeschleunigung, Pupillenerweiterung, Unruhe, Halluzinationen, Tobsuchtsanfälle, Tod durch Atemlähmung.
Warnungen: Die Droge darf niemals selbst angewendet werden. Der Missbrauch kann zu schweren, auch lebensgefährlichen Vergiftungen führen.

Die Giftwirkung der Tollkirsche war bereits in der Antike bekannt, ihre Heilwirkung wurde allerdings erst in den Kräuterbüchern des Mittelalters beschrieben. Die Tollkirsche diente zur Herstellung von Gift- und Liebestränken und war Bestandteil von Hexensalben. Heute sind die Inhaltsstoffe der Tollkirsche Bestandteil von Fertigpräparaten. Atropin wird in der Augenheilkunde verwendet und gilt als Gegenmittel bei Vergiftungen.

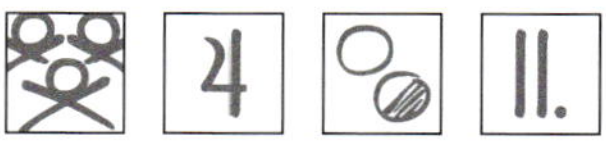

Aucuba japonica
Japanische Aukube, Japanische Goldorange

Herkunft: China, Taiwan, Japan.
Blatt: Oberseite dunkelgrün, Unterseite blaugrün gefärbt; schmal elliptisch bis elliptisch; Blattende zugespitzt.
Blüte: Einzelblüten rötlich, in Rispen; zweihäusig, III–V.
Frucht: Einsamige Steinfrucht, scharlachrot.
Wuchs: Strauch; 2,0–3,0 m hoch; Durchmesser 2,0–3,0 m.
Vorkommen: Gärten, Parks.
Giftige Pflanzenteile: Die gesamte Pflanze ist giftig, vor allem die oberirdischen Pflanzenteile.
Vergiftungserscheinungen: Durchfall, Koliken und Entzündungen im Magen-Darm-Kanal.

Baptisia australis
Blaue Färberhülse

Herkunft: USA.
Blatt: Blaugrün gefärbt; 3-teilig.
Blüte: Schmetterlingsförmige Einzelblüten, violettblau, in bis zu 40 cm langen Trauben; VI–VIII.
Frucht: Hülse.
Wuchs: Staude; 1,0–1,5 m hoch.
Standort: Sonniger Standort; trockene bis frische, neutrale bis schwach alkalische Böden mit normalem Nährstoffgehalt.
Vorkommen: Gärten.
Giftige Pflanzenteile: Die gesamte Pflanze ist schwach giftig.
Vergiftungserscheinungen: In kleinen Dosen wirkt *Baptisia* abführend. Größere Dosen verursachen Durchfall.

Brugmansia suaveolens

Duftende Engelstrompete, Großblütiger Stechapfel

Herkunft: Brasilien.
Blatt: Grün gefärbt; eiförmig; Blattende zugespitzt.
Blüte: Radiärsymmetrische, trichterförmige Blüten, weiß; VIII–X.
Frucht: Kapsel.
Wuchs: Kübelpflanze/Zimmerpflanze; 1,5–2,5 m hoch.
Vorkommen: Bei uns als Zierpflanze.
Giftige Pflanzenteile: Die gesamte Pflanze ist sehr stark giftig.
Vergiftungserscheinungen: Der Verzehr von Pflanzenteilen verschiedener *Brugmansia*-Arten führt zu Erregung von Heiterkeit bis Tobsucht, Übelkeit, Hautreizungen, Sinnestäuschung und Benommenheit, Pupillenerweiterung und Sehstörungen. Zuletzt Atemlähmungen.
Warnungen: Schon der Duft der Blüten hat narkotisierende Eigenschaften und ruft Kopfschmerzen hervor. Der Missbrauch der Pflanze kann zu schweren, auch lebensgefährlichen Vergiftungen führen.

Die Duftende Engelstrompete ist eines der wichtigsten Rauschmittel der süd- und mittelamerikanischen Urbevölkerung. Der Missbrauch der Pflanze kann zu schweren, auch lebensgefährlichen Vergiftungen führen.

Bryonia cretica subsp. dioica
Zaunrübe

Herkunft: Europa, Afrika.
Blatt: Grün gefärbt; herzförmig, handförmig geteilt.
Blüte: Sternförmige Einzelblüten, weißlich mit grüner Aderung, in Trauben stehend; V–IX.
Frucht: Beere, scharlachrot.
Wuchs: Staude; 1,0–1,5 m hoch.
Standort: Sonniger bis halbschattiger Standort; frische, neutrale bis alkalische Böden mit normalem bis hohem Nährstoffgehalt.
Vorkommen: Gebüsche, Hecken, Zäune.
Giftige Pflanzenteile: Die gesamte Pflanze ist stark giftig, besonders Beeren und Wurzeln.
Vergiftungserscheinungen: Bei Einnahme ist mit Übelkeit, Erbrechen und Nierenschäden zu rechnen. Es kommt zu Schwindel, Krämpfen und Lähmungserscheinungen. Der Tod erfolgt durch Atemlähmung. Bei Berührung der Pflanze ist mit Hautreizungen, Rötungen und Blasenbildung zu rechnen.
Warnungen: Die Droge ist stark giftig und darf vom Laien nicht verwendet werden.

Die Volksheilkunde verwendete die Zaunrübe bei Rheuma und Gicht sowie als starkes Abführmittel. Das Homöopathikum Bryonia ist heute ein häufig gebrauchtes Mittel gegen Rheuma, Gicht und Muskelschmerzen sowie akute fieberhafte Erkrankungen. Die Wurzel der Zaunrübe wurde im Mittelalter häufig als Alraune verkauft, einer damals schon selten vorkommenden Zauberpflanze.

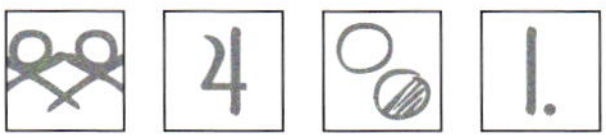

Buxus sempervirens
Gewöhnlicher Buchsbaum

Herkunft: Mitteleuropa, Britische Inseln, Frankreich und Benelux-Staaten, Iberische Halbinsel, Italien, Balkanhalbinsel, Kaukasusländer, Osteuropa, Türkei, Iran, Marokko, Algerien, Libyen.

Blatt: Oberseite dunkelgrün, Unterseite hellgrün gefärbt; eiförmig bis schmal elliptisch; Blattende stumpf oder abgerundet.

Blüte: Einzelblüten in Büscheln, gelblich grün, III–IV; Blüte unscheinbar; einhäusig.

Frucht: Kapsel, kugelig, 3-klappig, Samen glänzend schwarz.

Wuchs: Strauch/Gehölz; 2–8 m hoch; Durchmesser 2,0–4,0 m.

Standort: Sonniger bis lichtschattiger Standort; frische bis feuchte, neutrale bis stark alkalische Böden mit normalem bis hohem Nährstoffgehalt.

Vorkommen: Eichenbuschwälder, Gärten, Parks.

Giftige Pflanzenteile: Laub und Frucht sind stark giftig.

Vergiftungserscheinungen: Übelkeit, Erbrechen, Schwindel, Durchfall, Krämpfe und Kollaps. Buchsbaumblätter sind auch giftig für Tiere.

Warnungen: Der Kontakt mit der Pflanze kann Hautreizungen hervorrufen.

Buchsbaum wurde von vielen antiken Schriftstellern erwähnt. Die Volksheilkunde verwendete ihn bei Hauterkrankungen, Rheuma und Gicht. Der Buchsbaum hat sehr hartes, schweres Holz und wurde früher für Drechselarbeiten verwendet.

Caladium bicolor
Elefantenohr, Buntwurz

Herkunft: Ecuador.
Blatt: Dunkelgrün gefärbt; pfeilförmig.
Blüte: Spatha grün, Blütenkolben weißlich gelb; IV–V.
Frucht: Beere.
Wuchs: Zimmerpflanze; 0,3–0,4 m hoch.
Vorkommen: Bei uns als Zierpflanze.
Giftige Pflanzenteile: Die gesamte Pflanze ist giftig.
Vergiftungserscheinungen: Die Einahme größerer Mengen ruft Darmentzündungen hervor.

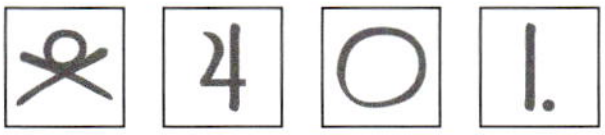

Calla palustris
Sumpfkalla

Herkunft: Europa.
Blatt: Grün gefärbt; herzförmig; Blattende zugespitzt.
Blüte: Kolben weiß, Spatha innen weiß, außen grün, VI–VII.
Frucht: Beere, scharlachrot.
Wuchs: Staude; 0,2–0,3 m hoch.
Standort: Sonniger bis halbschattiger Standort; Wasserpflanze.
Vorkommen: Gräben, Moore, Sümpfe, Teiche.
Giftige Pflanzenteile: Die gesamte Pflanze ist giftig.
Vergiftungserscheinungen: Der Verzehr größerer Mengen kann Durchfälle und Lähmungen hervorrufen. Hautreizend.

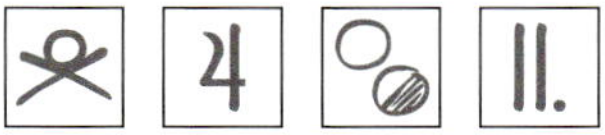

Catharanthus roseus

Rosafarbenes Zimmerimmergrün,
Tropisches Immergrün

Herkunft: Madagaskar, Tropen.
Blatt: Dunkelgrün gefärbt; eiförmig; Blattende stumpf.
Blüte: Blüten radiär, Blütenblätter kurz zugespitzt, weiß, blassrosa, rosarot; III–X.
Frucht: Balgfrüchte mit je 12–20 Samen.
Wuchs: Staude/Zimmerpflanze; 0,4–0,8 m hoch.
Giftige Pflanzenteile: Die gesamte Pflanze ist stark giftig, besonders die Wurzeln.
Vergiftungserscheinungen: Erbrechen, Fieber, Hautausschläge, vegetative Störungen und Wirkungen auf die Psyche.

Die Pflanze stammt ursprünglich aus Madagaskar. Heute ist sie weltweit in den Tropen verbreitet. Die Volksheilkunde verwendet den Blütenauszug gegen Halsschmerzen und Erkältungen. In Afrika werden die getrockneten Blätter als Rauschmittel und Aphrodisiaka geraucht. Achtung: Der Missbrauch der Pflanze als Rauschmittel kann zu Nieren- und Nervenschädigungen führen.

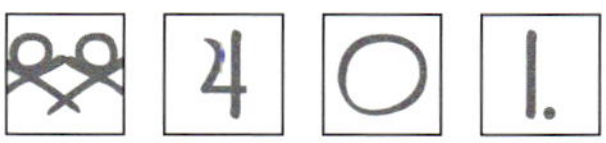

Chaerophyllum temulum
Hecken-Kälberkropf

Herkunft: Europa, Kaukasusländer, Türkei, Afrika.
Blatt: Grün gefärbt; 2- bis 3-fach gefiedert.
Blüte: Einzelblüten klein, weiß, in Doppeldolden mit 6–8 Döldchen; V–VII.
Frucht: Spaltfrucht.
Wuchs: Zweijährig/einjährig; 0,3–1,0 m hoch.
Standort: Halbschattiger Standort; frische, schwach saure bis schwach alkalische Böden mit hohem Nährstoffgehalt.
Vorkommen: Gebüsche, Hecken, Waldränder.
Giftige Pflanzenteile: Die Frucht ist giftig.
Vergiftungserscheinungen: Vergiftungen wurden bisher lediglich bei Vieh beobachtet (Schwindel, Lähmungen).

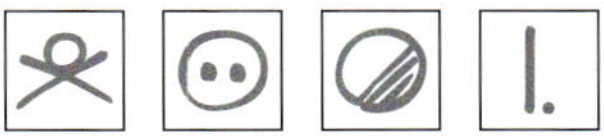

Chamaecyparis lawsoniana
Lawsons Scheinzypresse, Oregonzeder

Herkunft: Europa, USA.
Blatt: Schuppenförmig; Oberseite dunkel- bis graugrün, Unterseite grün gefärbt.
Blüte: Unscheinbar; einhäusig; III–V.
Frucht: Zapfen, kugelig.
Wuchs: Gehölz; 10–20 m hoch; Durchmesser 4–6 m.
Vorkommen: Gärten, Parks.
Giftige Pflanzenteile: Die gesamte Pflanze ist giftig.
Vergiftungserscheinungen: Übelkeit, Blutungen, Krämpfe, erhöhter Blutdruck, Durchfall, erhöhter Puls; zuletzt Lähmungen des Zentralnervensystems.
Warnungen: Die Pollen können Allergien auslösen.

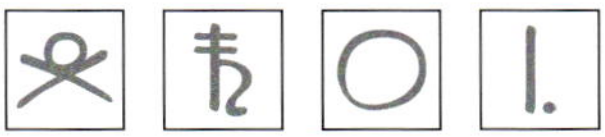

Cicuta virosa

Giftiger Wasserschierling

Herkunft: Europa, Japan, Asien.

Blatt: Grün gefärbt; 2- bis 3-fach gefiedert.

Blüte: Einzelblüten klein, weiß, Kronblätter fehlend, in Doppeldolden stehend; VII–IX.

Frucht: Spaltfrucht.

Wuchs: Staude; 0,6–1,5 m hoch.

Standort: Sonniger bis absonniger Standort; Wasserpflanze.

Vorkommen: Altwasser, Gräben, Sümpfe, Tümpel.

Giftige Pflanzenteile: Die gesamte Pflanze ist sehr stark giftig, besonders Stängel und Wurzelstock.

Vergiftungserscheinungen: Erste Symptome sind oft schon innerhalb der ersten 20 Minuten festzustellen: Brennen in Mund und Rachen, Übelkeit und Erbrechen, Krämpfe, Pupillenerweiterung, Bewusstlosigkeit und Atemnot. Der Tod erfolgt durch Atemlähmung.

Warnungen: Bereits bei der Aufnahme von kleinen Mengen der Pflanze sind schwere Vergiftungen nicht auszuschließen.

Die Wirkung des Wasserschierlings ist seit dem Altertum bekannt. Die Pflanze wurde früher vielfach zu Giftmorden und zum Selbstmord verwendet. Sie galt als Heilmittel gegen Gicht und Rheuma und wurde bei schmerzstillenden Umschlägen verwendet. Heute wird die Pflanze ausschließlich homöopathisch bei Muskelkrämpfen, Epilepsie und Hirnhautentzündung verwendet.

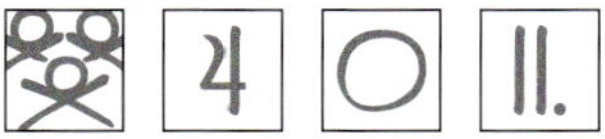

Cimicifuga racemosa
Juli-Silberkerze, Trauben-Silberkerze

Herkunft: USA, Kanada.
Blatt: Dunkelgrün gefärbt; 3-teilig.
Blüte: Einzelblüten weiß oder gelbweiß, Kronblätter fehlend, Staubblätter zahlreich, in langen, aufrechten bis überhängenden Trauben; VIII–IX.
Frucht: Balgfrucht, eiförmig.
Wuchs: Staude; 0,6–0,8 m hoch.
Vorkommen: Gärten, Parks.
Giftige Pflanzenteile: Die Wurzel ist giftig.
Vergiftungserscheinungen: Die Überdosierung löst Kopfschmerzen, Steifheit und Zittern aus.
Warnungen: Cimicifugin verursacht Rötungen und Blasenbildung auf der Haut.

Clematis alpina
Alpen-Waldrebe, Alpenrebe

Herkunft: Europa.
Blatt: Oberseite mattgrün, Unterseite hellgrün gefärbt; doppelt 3-zählig, ungelappt bis gelappt; Blattende lang zugespitzt.
Blüte: Blauviolett, duftend; IV–V.
Frucht: Nüsschen mit silbrigem, fedrigem Griffel, in ballförmigen Fruchtständen.
Wuchs: Gehölz; 1,0–2,0 m hoch.
Vorkommen: Auwälder, Gebüsche und Waldränder.
Giftige Pflanzenteile: Die gesamte Pflanze ist giftig.
Vergiftungserscheinungen: Durchfall, Krämpfe, Lähmungen und Hautreizungen. Die getrocknete Pflanze ist frei von hautreizenden Stoffen.

Clematis recta
Aufrechte Waldrebe

Herkunft: Europa, Kaukasusländer.
Blatt: Blaugrün gefärbt; unpaarig gefiedert; Blattende zugespitzt.
Blüte: Sternförmige Einzelblüten, weiß, in endständigen Trugdolden stehend, mäßig duftend; VI–VII.
Frucht: Nüsschen mit fedrigem Griffel.
Wuchs: Staude; 0,8–1,3 m hoch.
Vorkommen: Gebüsche, Hänge, Lichtungen.
Giftige Pflanzenteile: Die gesamte Pflanze ist giftig.
Vergiftungserscheinungen: Durchfall, Krämpfe, Lähmungen und Hautreizungen. Die getrocknete Pflanze ist frei von hautreizenden Stoffen.

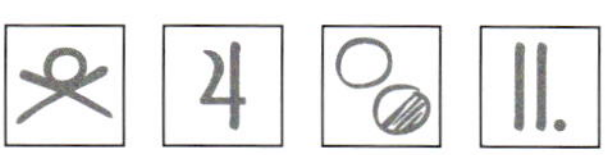

Clematis vitalba
Gewöhnliche Waldrebe

Herkunft: Europa, Kaukasusländer.
Blatt: Oberseite frischgrün, Unterseite hellgrün gefärbt; unpaarig gefiedert mit 3 bis 5 Blättchen; Blattende stumpf bis zugespitzt.
Blüte: Gelblich weiß, in Rispen stehend; VII–X.
Frucht: Nüsschen mit fedrigem, silbrigem Griffel, zu ballförmigen Fruchtständen vereinigt.
Wuchs: Gehölz; 8–10 m hoch.
Vorkommen: Auwälder, Waldränder.
Giftige Pflanzenteile: Die gesamte Pflanze ist giftig.
Vergiftungserscheinungen: Durchfall, Krämpfe, Lähmungen und Hautreizungen. Die getrocknete Pflanze ist frei von hautreizenden Stoffen.

Cleome spinosa
Spinnenpflanze, Kleopatranadel

Herkunft: Südamerika.
Blatt: Grün gefärbt; handförmig geteilt.
Blüte: Einzelblüten mit langen Staubblättern („Spinnenbeine"), weiß, rosa oder violett, in aufrechten Trauben; VII–X.
Frucht: Kapsel, schmal länglich.
Wuchs: Einjährig; 0,8–1,2 m hoch.
Standort: Sonniger Standort; trockene Böden mit hohem bis sehr hohem Nährstoffgehalt.
Vorkommen: Gärten.
Giftige Pflanzenteile: Die Samen sind giftig.
Vergiftungserscheinungen: Nicht dokumentiert.
Warnungen: Beim Berühren der Pflanze können Hautschäden aufteten.

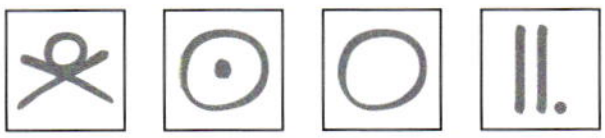

Clivia miniata
Riemenblatt, Clivie

Herkunft: Südafrika.
Blatt: Dunkelgrün gefärbt; linealisch; Blattende zugespitzt.
Blüte: Einzelblüten trichterförmig-glockig, gelb, orange bis rot, in langstieligen Dolden stehend; II–V.
Frucht: Rote Kapsel mit bis zu 4 Samen.
Wuchs: Zimmerpflanze; 0,6–0,8 m hoch.
Vorkommen: Bei uns als Zierpflanze.
Giftige Pflanzenteile: Die gesamte Pflanze ist giftig, besonders der Zwiebelstamm.
Vergiftungserscheinungen: Speichelfluss, Erbrechen und Durchfall. Die Einnahme von größeren Dosen kann zu Lähmungen und Kollaps führen.

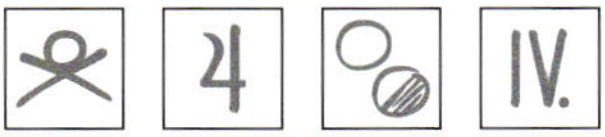

Codiaeum variegatum var. pictum
Wunderstrauch

Herkunft: Molukken, Tropen.
Blatt: Gelb gefärbt; oval; Blattende zugespitzt.
Blüte: Einzelblüten in Trauben, gelb; Blüte unscheinbar; einhäusig; V–VIII.
Wuchs: Zimmerpflanze/Strauch; 1,0–2,0 m hoch. Am Naturstandort 4,0–5,0 m hoch.
Vorkommen: Bei uns als Zierpflanze.
Giftige Pflanzenteile: Die gesamte Pflanze ist stark giftig.
Vergiftungserscheinungen: Brennen in Mund und Rachen. Erbrechen und Durchfall.
Warnungen: Der Pflanzensaft kann allergische Hautreaktionen auslösen.

Der Wunderstrauch (auch Kroton) ist eine unserer beliebtesten Zimmerpflanzen. Die Pflanze ist relativ pflegeleicht und daher ideal für die Innenraumbegrünung geeignet. Der Wunderstrauch wird heute in zahlreichen Sorten kultiviert.

Colchicum autumnale
Herbst-Zeitlose

Herkunft: Europa.
Blatt: Grün gefärbt; breit-lanzettlich; Blattende stumpf.
Blüte: Trichterförmige Einzelblüten, rosaviolett; IX–X.
Frucht: Länglich-eiförmige Kapseln.
Wuchs: Zwiebel; 0,15–0,25 m hoch.
Standort: Sonniger Standort; frische, schwach saure bis schwach alkalische Böden mit hohem Nährstoffgehalt.
Vorkommen: Feuchte Wiesen.
Giftige Pflanzenteile: Die gesamte Pflanze ist sehr stark giftig.
Vergiftungserscheinungen: Erste Symptome sind erst 4–6 Stunden nach der Einnahme zu erwarten: Brennen und Kribbeln im Mund, Schluckbeschwerden, Übelkeit, Erbrechen, wässrige, zum Teil blutige Durchfälle, Temperaturabfall, Blutdrucksenkung, Krämpfe, Lähmungen, Tod durch Atemlähmung.

Warnungen: 5 g der Herbst-Zeitlosensamen gelten für Erwachsene als tödlich.

Die Herbst-Zeitlose ist seit der Antike als Heil- und Giftpflanze bekannt. Sie wurde sowohl als Pfeilgift als auch als Aphrodisiakum, als Abführmittel und als Gichtmittel verwendet. Sie wurde wurde auch zur Erweichung von Geschwüren, gegen Verrenkungen und zum Ausziehen von Dornen angewendet.

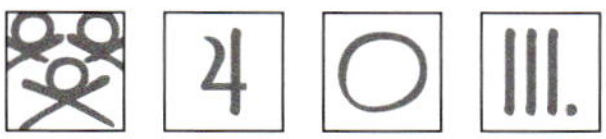

Conium maculatum

Gefleckter Schierling

Herkunft: Europa, Kaukasusländer, Mittelasien, Südafrika, Afrika.

Blatt: Grün gefärbt; 3-fach gefiedert; Blattende zugespitzt.

Blüte: Kleine, radiärsymmetrische Einzelblüten, weiß, später rötlich, Kelchblätter fehlend, in zusammengesetzten Dolden stehend; VI–VIII.

Frucht: Spaltfrüchte, eiförmig bis kugelig, gerippt.

Wuchs: Staude; 0,5–2,5 m hoch.

Standort: Sonniger bis absonniger Standort; frische bis feuchte, schwach saure bis schwach alkalische Böden mit hohem bis sehr hohem Nährstoffgehalt.

Vorkommen: Schuttflächen, Uferbereiche, Unkrautgesellschaften, Wegränder.

Giftige Pflanzenteile: Die gesamte Pflanze ist sehr stark giftig, besonders die Früchte.

Vergiftungserscheinungen: Die Aufnahme erfolgt leicht und schnell durch die Schleimhäute. Vergiftungserscheinungen sind: Brennen in Mund und Rachen, aufsteigende Lähmungen, Kälte und Gefühllosigkeit. Der Tod erfolgt durch Atemlähmung bei meist vollem Bewusstsein.

Warnungen: Wegen der starken Giftigkeit darf Schierling auf keinen Fall selbst angewendet werden! Das Gift wird auch über die unverletzte Haut aufgenommen.

> Die Giftigkeit des Schierlings war schon im Altertum bekannt. Der Saft wurde zu Giftmorden und zur Vollstreckung von Todesurteilen verwendet (Sokrates). Im Mittelalter war die Pflanze Bestandteil von Hexensalbenrezepturen. Später wurde Schierling als Mittel gegen Krampfhusten und Nervenschmerzen verwendet.

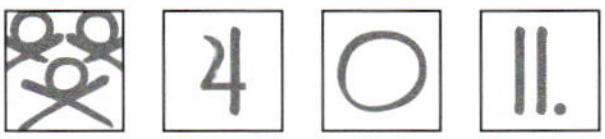

Convallaria majalis

Gewöhnliches Maiglöckchen, Maienriesli

Herkunft: Europa, Kaukasusländer, Russland, China, Korea, Japan.

Blatt: Hellgrün bis grün gefärbt; oval bis breit-lanzettlich; Blattende kurz zugespitzt.

Blüte: Glockenförmige Einzelblüten, weiß, in Trauben; V.

Frucht: Kugelige Beeren, rot.

Wuchs: Staude/Schnittblume; 0,15–0,20 m hoch.

Standort: Absonniger bis halbschattiger Standort; trockene bis frische, neutrale bis alkalische Böden mit geringem bis normalem Nährstoffgehalt.

Vorkommen: Gebüsche, Gärten, lichte Laubwälder.

Giftige Pflanzenteile: Die gesamte Pflanze ist sehr stark giftig.

Vergiftungserscheinungen: Bei oraler Aufnahme kommt es zu Übelkeit, Erbrechen und Durchfall. Es folgen Herzrhythmusstörungen, zunächst hoher, später niedriger Blutdruck, Herzschwäche und Herzstillstand.

Warnungen: Bei Berührung ist mit Haut- und Augenreizungen zu rechnen.

Im Mittelalter war das Maiglöckchenkraut häufiger Bestandteil von Liebestränken. Für die Heilkunde wurde das Maiglöckchen erstmals in den Schriften der Äbtissin Hildegard von Bingen empfohlen. Die stark wirksamen Herzglykoside des Maiglöckchen werden heute nur noch als Reinsubstanzen in Arzneimitteln verwendet.

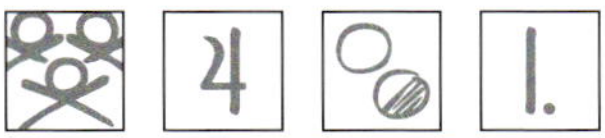

Corydalis cava
Hohler Lerchensporn

Herkunft: Europa, Kaukasusländer, Türkei, Iran.
Blatt: Blaugrün gefärbt; doppelt 3-zählig.
Blüte: Einzelblüten röhrenförmig, gespornt, lilarot bis weiß, in endständigen Trauben stehend; III–IV.
Frucht: Kapsel.
Wuchs: Staude; 0,10–0,20 m hoch.
Vorkommen: Feuchte Laubwälder.
Giftige Pflanzenteile: Die gesamte Pflanze ist giftig, besonders die Knolle.
Vergiftungserscheinungen: Vergiftungen werden selten beobachtet, da die Knolle tief in der Erde sitzt und nicht zum Verzehr reizt.

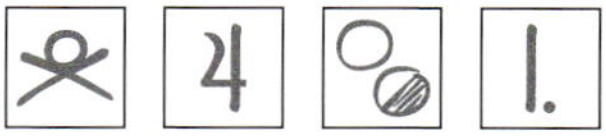

Cycas revoluta
Japanischer Sagopalmfarn

Herkunft: Japan.
Blatt: Dunkelgrün gefärbt; gefiedert.
Blüte: Blüten braungelb, zapfenartiger Blütenstand; zweihäusig.
Frucht: Fruchtblätter bilden im unteren Bereich randständige Samenanlagen.
Wuchs: Kübelpflanze/Zimmerpflanze; 0,5–2,0 m hoch.
Vorkommen: Bei uns als Zierpflanze.
Giftige Pflanzenteile: Samen und Wurzeln sind giftig.
Vergiftungserscheinungen: Erbrechen und blutige Durchfälle.

Cyclamen persicum
Zimmer-Alpenveilchen

Herkunft: Kreta, Levante, Türkei, Algerien, Tunesien.
Blatt: Oberseite grün, Unterseite purpurrot gefärbt; herzförmig.
Blüte: Blüten mit zurückgeschlagenen Blütenblättern, nickend, weiß, rosa oder rot, lang gestielt; VIII–IV.
Frucht: Kapsel.
Wuchs: Zimmerpflanze/Staude; 0–30 m hoch.
Vorkommen: Bei uns als Zierpflanze.
Giftige Pflanzenteile: Die Knolle ist giftig.
Vergiftungserscheinungen: Übelkeit, Erbrechen, Durchfall, Krämpfe, Lähmungen und zum Schluss Atemlähmung. Der Saft der Knolle wirkt hautreizend.

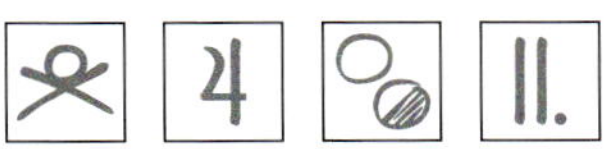

Cyclamen purpurascens
Sommer-Alpenveilchen

Herkunft: Mitteleuropa, Osteuropa, Frankreich und Benelux-Staaten, Italien, Slowenien, Kroatien, Bosnien-Herzegowina.
Blatt: Dunkelgrün gefärbt; herzförmig.
Blüte: Karminrosa oder tiefrosa; VII–IX.
Frucht: Kapsel.
Wuchs: Knolle/Staude; 0,10–0,15 m hoch.
Vorkommen: Gebüsche, Mischwälder, Nadelwälder.
Giftige Pflanzenteile: Die Knolle ist giftig.
Vergiftungserscheinungen: Übelkeit, Erbrechen, Durchfall, Krämpfe, Lähmungen und zum Schluss Atemlähmung. Der Saft der Knolle wirkt hautreizend.

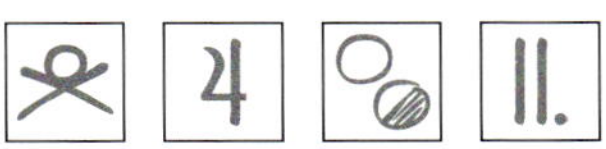

Daphne mezereum

Gewöhnlicher Seidelbast, Kellerhals

Herkunft: Europa, Kaukasusländer, Russland, Türkei, Iran.

Blatt: Oberseite mattgrün, Unterseite hellblaugrün gefärbt; länglich lanzettlich; Blattende stumpf bis zugespitzt.

Blüte: Röhrige Einzelblüten, 4-zipflig, purpurrosa bis purpurlila, meist zu dritt, dicht zusammen stehend, erscheinen vor dem Laub, stark duftend; II–IV.

Frucht: Eiförmig-längliche Steinfrüchte, scharlachrot, 1-samig, mit fleischigem Mesocarp.

Wuchs: Strauch; 1,0–1,5 m hoch; Durchmesser 1,0–1,5 m.

Standort: Absonniger bis lichtschattiger Standort; trockene bis frische, schwach saure bis alkalische Böden mit normalem bis sehr hohem Nährstoffgehalt.

Vorkommen: Hecken, Laubwälder, Waldränder.

Giftige Pflanzenteile: Die gesamte Pflanze ist sehr stark giftig.

Vergiftungserscheinungen: Bei oraler Aufnahme ist zuerst mit Brennen und Kribbeln im Mund, Lippen- und Gesichtsschwellungen, Speichelfluss, Heiserkeit und Schluckbeschwerden zu rechnen. Es folgen Benommenheit, starke Bauch- und Kopfschmerzen, Krämpfe, Brechreiz, blutige Durchfälle und zuletzt Kreislaufkollaps. Bei Berührung der Pflanze ist mit Rötungen, Schwellungen und Blasen auf der Haut zu rechnen. 10–12 Beeren werden für Erwachsene als tödliche Dosis angesehen.

> Die Giftigkeit sowie die Heilwirkung des Gehölzes waren schon im Altertum bekannt.

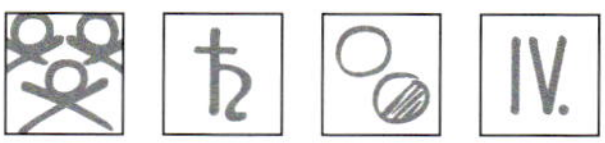

Datura stramonium

Weißer Stechapfel, Gemeiner Stechapfel

Herkunft: Europa, Tropen.

Blatt: Dunkelgrün gefärbt; eiförmig, gelappt; Blattende zugespitzt.

Blüte: Radiärsymmetrische, trichterförmige Einzelblüten, Krone mit langen, feinen Zipfeln, weiß, selten blauviolett; VII–X.

Frucht: Eiförmige Kapseln, jung grün, später braun, dicht mit Stacheln besetzt, selten glatt.

Wuchs: Einjährig/Staude; 0,4–1,0 m hoch.

Standort: Sonniger bis absonniger Standort; trockene bis frische, schwach saure bis schwach alkalische Böden mit hohem bis sehr hohem Nährstoffgehalt.

Vorkommen: Mauern, Schuttflächen, Wegränder.

Giftige Pflanzenteile: Die gesamte Pflanze ist sehr stark giftig.

Vergiftungserscheinungen: Erregung von Heiterkeit bis Tobsucht, Übelkeit, Hautreizungen, Sinnestäuschung und Benommenheit, Pupillenerweiterung und Sehstörungen und zuletzt Atemlähmung. Vor einer Selbstbehandlung mit Stechapfel muss ausdrücklich gewarnt werden! Der Missbrauch der Pflanze kann zu schweren, auch lebensgefährlichen Vergiftungen führen.

Kaum eine andere Pflanze hat eine so hervorragende Bedeutung als Heil- und Zauberpflanze in der Kulturgeschichte der Menschheit gefunden. Sie wurde von vielen Völkern der Erde genutzt. Die Blätter wurden als Rauschmittel und als Bestandteil von Hexensalben verwendet. Aus den Samen wurden Liebestränke zubereitet. Als Heilpflanze wurde sie bei Rheuma, Nervenschmerzen, Hustenreiz und Asthma eingesetzt.

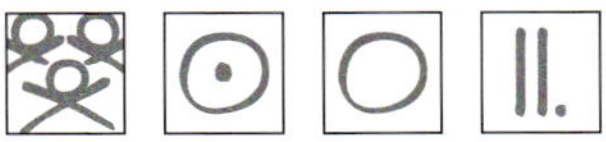

Delphinium-Belladonna-Gruppe

Rittersporn

Blatt: Grün gefärbt; 3-teilig.
Blüte: Einzelblüten radiär, in Rispen, blau, VI–VII.
Wuchs: Staude; 0,9–1,6 m hoch.
Standort: Sonniger Standort; frische, schwach saure bis schwach alkalische Böden mit hohem Nährstoffgehalt.
Vorkommen: Gärten.
Giftige Pflanzenteile: Die gesamte Pflanze ist giftig, mit Ausnahme der Blüten.
Vergiftungserscheinungen: Abfall des Blutdrucks, Atemnot und Herzlähmung.

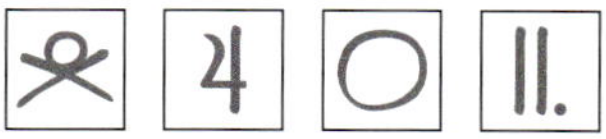

Delphinium-Pacific-Gruppe

Rittersporn

Blatt: Grün gefärbt; 3-teilig.
Blüte: Einzelblüten 5-zählig, Kelchblätter farbig, oberes gespornt, weiß, hellblau bis dunkelblau, in Rispen stehend; VI–VIII.
Frucht: Balgfrucht.
Wuchs: Staude; 1,6–2,0 m hoch.
Standort: Sonniger Standort; frische, schwach saure bis schwach alkalische Böden mit hohem Nährstoffgehalt.
Vorkommen: Gärten.
Giftige Pflanzenteile: Die gesamte Pflanze ist giftig, mit Ausnahme der Blüten.
Vergiftungserscheinungen: Abfall des Blutdrucks, Atemnot und Herzlähmung.

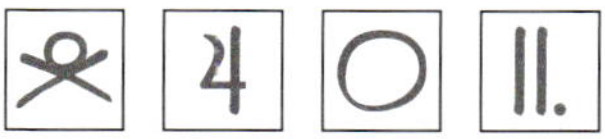

Dicentra spectabilis

Tränendes Herz

Herkunft: China, Korea.
Blatt: Graugrün gefärbt; gelappt; Blattende lang zugespitzt.
Blüte: Einzelblüten herzförmig, hellrosa mit weißer Träne, in Trauben stehend; V–VI.
Frucht: Kapsel.
Wuchs: Staude/Schnittblume; 0,7–0,9 m hoch.
Vorkommen: Gärten.
Giftige Pflanzenteile: Die gesamte Pflanze ist giftig, besonders die Wurzeln.
Vergiftungserscheinungen: Könnten Übelkeit und Erbrechen mit Durchfällen sein. Es liegen derzeit keine Berichte über Vergiftungen vor.

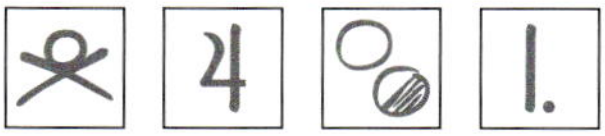

Dictamnus albus

Brennender Busch, Diptam

Herkunft: Mitteleuropa, Osteuropa, Iberische Halbinsel, Italien, Balkanhalbinsel.
Blatt: Dunkelgrün gefärbt; unpaarig gefiedert mit 5 bis 11 Blättchen; Blattende zugespitzt.
Blüte: Weiß oder rosa, in Trauben stehend; VI–VII.
Frucht: Kapsel.
Wuchs: Staude; 0,8–1,0 m hoch.
Vorkommen: Lichtungen, lichtes Gebüsch.
Giftige Pflanzenteile: Die gesamte Pflanze ist sehr schwach giftig.
Vergiftungserscheinungen: Diptam hat fototoxische Eigenschaften. Wird die Pflanze bei Sonnenlicht berührt, können Entzündungen der Haut auftreten.

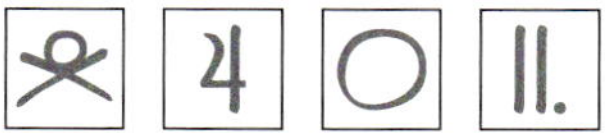

Dieffenbachia seguine

Dieffenbachie, Schweigrohrwurzel

Blatt: Grün gefärbt; elliptisch; Blattende zugespitzt.
Blüte: Blütenkolben mit gelber Spatha; Blüte unscheinbar; III.
Frucht: Beere.
Wuchs: Zimmerpflanze; 0,8–1,2 m hoch.
Vorkommen: Bei uns als Zierpflanze.
Giftige Pflanzenteile: Die gesamte Pflanze ist sehr stark giftig.
Vergiftungserscheinungen: Der Verzehr von Pflanzenteilen verschiedener *Dieffenbachia*-Arten führt zu Übelkeit, Durchfall, Schwellungen der Zunge, Herzrhythmusstörungen, Benommenheit und Lähmungen.
Warnungen: Der Pflanzensaft wirkt stark hautreizend.

Die Giftigkeit der Dieffenbachie ist schon sehr lange bekannt. In der Zeit der Sklavenhaltung wurden unliebsame Zeugen durch die Stummpflanze vorübergehend zum Schweigen gebracht. Dabei wurden die Schleimhäute derart gereizt, dass es für die betroffenen Personen über mehrere Tage unmöglich war zu sprechen.

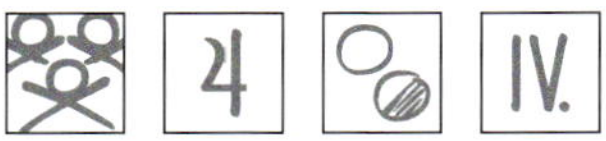

Digitalis lanata

Wolliger Fingerhut

Herkunft: Österreich, Ungarn, Balkanhalbinsel.

Blatt: Dunkelgrün gefärbt; lanzettlich; Blattende zugespitzt.

Blüte: Rachenförmige Einzelblüten, wollig behaart, hellbräunlich, braun geadert, Unterlippe vergrößert, weißlich, in einseitswendigen Trauben; VII–VIII.

Frucht: Eiförmige Kapseln, aufspringend.

Wuchs: Staude; 0,1–0,6 m hoch.

Standort: Sonniger Standort; trockene bis frische, schwach saure bis neutrale Böden mit normalem Nährstoffgehalt.

Vorkommen: Gebüsche, lichte Wälder.

Giftige Pflanzenteile: Die gesamte Pflanze ist sehr stark giftig.

Vergiftungserscheinungen: Die Blätter enthalten wesentlich mehr wirksame Inhaltsstoffe als die Blätter von *Digitalis purpurea*. Abfallen der Herzfrequenz, Übelkeit und Erbrechen, Magen-Darm-Koliken, Sehstörungen, Lähmungen und Krämpfe. Der Tod tritt durch Herzstillstand ein.

Der Wollige Fingerhut kommt in Mitteleuropa nicht wild vor und wurde auch nicht in Gärten kultiviert. Er fand daher in den mittelalterlichen Schriften und Kräuterbüchern keine Erwähnung. Heute ist der Wollige Fingerhut eine der wichtigsten Arzneipflanzen. Sein Glykoside zählen zu den am häufigsten verschriebenen Wirkstoffen gegen Herzmuskelschwäche.

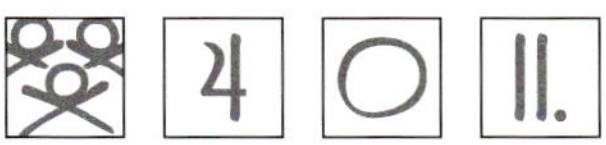

Digitalis purpurea

Roter Fingerhut, Waldglocke

Herkunft: Europa, Marokko, Makaronesien.

Blatt: Graugrün gefärbt; eilanzettlich bis eiförmig; Blattende zugespitzt.

Blüte: Rachenförmige Einzelblüten mit kurzem Saum, purpurrot, innen mit dunkleren, weiß umrandeten Flecken, in einseitswendigen Trauben; VI–VII.

Frucht: Schmalzylindrische Kapseln.

Wuchs: Staude/Schnittblume; 0,8–1,3 m hoch.

Vorkommen: Gärten, Waldränder, Waldschläge, lichte Wälder.

Giftige Pflanzenteile: Die gesamte Pflanze ist sehr stark giftig.

Vergiftungserscheinungen: Abfallen der Herzfrequenz, Übelkeit und Erbrechen, Magen-Darm-Koliken, Sehstörungen, Lähmungen und Krämpfe. Der Tod tritt durch Herzstillstand ein.

Warnungen: Der Rote Fingerhut ist eine unserer stärksten Giftpflanzen. Jede Selbstbehandlung muss unterbleiben!

Der Rote Fingerhut war im Altertum unbekannt. Er soll zuerst im 5. Jahrhundert in Irland bei verschiedenen Krankheiten wie Leber- und Milzleiden, Epilepsie und auch als Wundkraut und Heilpflanze genutzt worden sein. In der modernen Medizin gilt der Rote Fingerhut als eine der ersten angewendeten Arzneipflanzen. Da zwischen wirksamer und toxischer Dosis nur eine geringe Differenz liegt, war seine Anwendung nicht unproblematisch. Der Rote Fingerhut wird heute zur Gewinnung der Reinglykoside angebaut. Diese sind Bestandteil von Spezialpräparaten zur Behandlung von Herzschwäche.

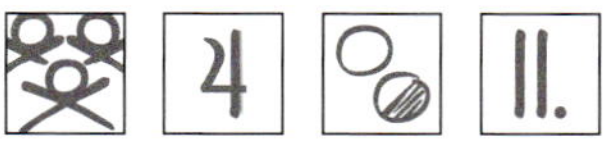

Dryopteris filix-mas
Gewöhnlicher Wurmfarn, Waldfarn

Herkunft: Nordhalbkugel.
Blatt: Grün gefärbt; doppelt gefiedert; Blattende gelegentlich schwanzartig zugespitzt.
Blüte: Wedelstiel mit wenigen, hellen Spreuschuppen, Sori mit flachem Schleier, auf der Unterseite der Fiedern in 2 Reihen, Sporenreife VII–IX.
Wuchs: Farn; 0,5–1,0 m hoch.
Vorkommen: Gebüsche, Gärten, Staudenfluren, Wälder.
Giftige Pflanzenteile: Die gesamte Pflanze ist giftig.
Vergiftungserscheinungen: Übelkeit, Erbrechen, Durchfälle, Ohnmachtsanfälle und Sehstörungen. Bei schweren Vergiftungen erfolgt der Tod durch Atemlähmung.

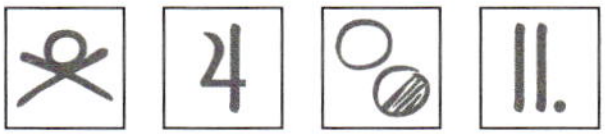

Ephedra distachya
Gewöhnliches Meerträubel

Herkunft: Europa, Kaukasusländer, Russland, Mittelasien.
Blatt: Gelblich gefärbt; schuppenförmig.
Blüte: Gelb; Blüte unscheinbar; zweihäusig; IV–V.
Frucht: Zapfenbeere, rot.
Wuchs: Strauch; 0,3–0,4 m hoch.
Standort: Sonniger bis absonniger Standort; frische, schwach saure bis schwach alkalische Böden mit normalem Nährstoffgehalt.
Vorkommen: Flussufer, sandige Küsten.
Giftige Pflanzenteile: Die gesamte Pflanze ist giftig.
Vergiftungserscheinungen: Starke Dosen lösen Schweißausbrüche aus.

Eranthis hyemalis

Kleiner Winterling

Herkunft: Mitteleuropa, Britische Inseln, Frankreich, Italien, Slowenien, Ungarn, Kroatien, Bosnien-Herzegowina, Jugoslawien, Rumänien, Balkanhalbinsel, Europa.
Blatt: Grün gefärbt; handförmig geteilt, gelappt; Blattende stachelspitzig oder kurz zugespitzt.
Blüte: Schalenförmige Blüten, gelb; I–III.
Frucht: Balgfrucht.
Wuchs: Knolle; 0,05–0,15 m hoch.
Standort: Sonniger bis halbschattiger Standort; trockene bis frische, schwach saure bis schwach alkalische Böden mit geringem Nährstoffgehalt.
Vorkommen: Gärten.
Giftige Pflanzenteile: Die gesamte Pflanze ist stark giftig, besonders die Knolle.
Vergiftungserscheinungen: Vergiftungserscheinungen sind zunächst Übelkeit und Erbrechen und verlangsamter Puls. Später folgen Herzschwäche, Sehstörungen und Atemnot.

Die Heimat des Winterling ist Südeuropa. Wegen seines äußerst frühen Blühtermins ist er heute bei uns eine sehr beliebte und weit verbreitete Gartenzierpflanze.

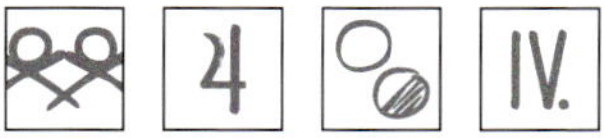

Erysimum cheiri

Goldlack

Herkunft: Europa, Türkei.
Blatt: Grün gefärbt; länglich.
Blüte: Kreuzförmige Einzelblüten mit leicht zurückgeschlagenen Kronblättern, gelb oder rötlich braun, in Trauben stehend, duftend; V–VI.
Frucht: Schote, aufrecht abstehend.
Wuchs: Einjährig; 0,5–0,7 m hoch.
Standort: Sonniger Standort; trockene bis frische, neutrale bis alkalische Böden mit hohem Nährstoffgehalt.
Vorkommen: Mauern, Ruderalstellen, Wegränder, Zäune.
Giftige Pflanzenteile: Die gesamte Pflanze ist stark giftig, besonders die Samen.
Vergiftungserscheinungen: Die in der Pflanze enthaltenen herzwirksamen Glykoside wirken digitalisähnlich: Abfallen der Herzfrequenz, Übelkeit und Erbrechen, Magen-Darm-Koliken, Sehstörungen, Lähmungen und Krämpfe. Der Tod tritt durch Herzstillstand ein.

Nach den Schriften des Hippokrates und Dioskurides war der Goldlack bereits im Altertum eine beliebte Heilpflanze und kam besonders bei Gebärmutterentzündungen und zur Förderung der Menstruation zum Einsatz. Die Pflanze wurde volksmedizinisch auch als Herzmittel und als Abführmittel verwendet. Die Verwendung des Goldlacks als Heilpflanze führte nicht selten zu Vergiftungen.

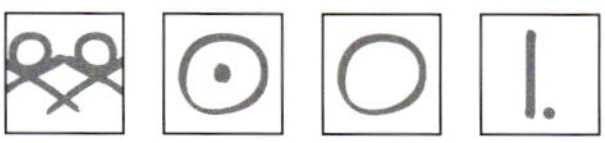

Erythrina crista-galli

Korallenstrauch, Korallenbaum

Herkunft: Bolivien, Paraguay, Argentinien.
Blatt: Grün gefärbt; 3-zählig.
Blüte: Lippige Einzelblüten mit stark vergrößertem Schiffchen, leuchtend rot, in Trauben stehend; VII–IX.
Frucht: Hülse.
Wuchs: Kübelpflanze; 0,4–1,0 m hoch.
Vorkommen: Bei uns als Zierpflanze.
Giftige Pflanzenteile: Die gesamte Pflanze ist stark giftig, besonders die Samen.
Vergiftungserscheinungen: Der Verzehr kleiner Mengen der Samen ruft eine starke Blutdrucksteigerung hervor. Größere Mengen lösen Heiterkeit, Irrreden, Gleichgewichtsstörungen, Fieber und Hautrötungen aus.

Die Wirkung der *Erythrina*-Alkaloide ähnelt dem südamerikanischen Pfeilgift Curare. Indianer nutzten Extrakte der Samen zu Racheakten. Bei uns ist der Korallenstrauch eine beliebte Zier- und Kübelpflanze.

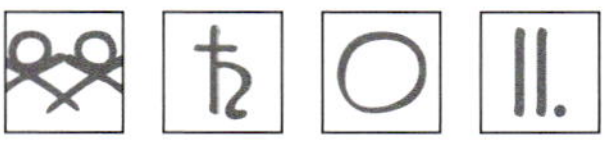

Meine Adresse:

Vorname/Name

Straße/Nr.

PLZ/Ort

Tel.-Nr. (für Rückfragen)

Diese Karte habe ich entnommen aus:

Das Buch hat mir gefallen ❑ ja | ❑ nein,

weil:

Ulmer

Bitte freimachen.

Antwort

Verlag Eugen Ulmer
Kundenservice
Postfach 70 05 61
70574 Stuttgart

Euonymus europaeus
Gewöhnliches Pfaffenhütchen,
Europäisches Pfaffenhütchen

Herkunft: Europa, Kaukasusländer, Türkei.
Blatt: Oberseite dunkelgrün, Unterseite grün gefärbt; eiförmig bis elliptisch; Blattende zugespitzt bis stumpf zugespitzt.
Blüte: Einzelblüten in Trugdolden, grünlich; V–VI; Blüte unscheinbar.
Frucht: Kapsel, karminrot oder rosarot, Samen weiß, Arillus leuchtend orange.
Wuchs: Strauch; 3–6 m hoch; Durchmesser 2,0–4,0 m.
Standort: Absonniger bis halbschattiger Standort; trockene bis sehr feuchte, neutrale bis stark alkalische Böden mit normalem bis hohem Nährstoffgehalt.
Vorkommen: Gebüsche, Laubwälder.
Giftige Pflanzenteile: Die gesamte Pflanze ist stark giftig.
Vergiftungserscheinungen: Vergiftungserscheinungen verschiedener *Euonymus*-Arten sind Übelkeit, Krämpfe, blutige Durchfälle, Herzrhythmusstörungen, Lähmungen und der Tod in Bewusstlosigkeit. Ca. 35 Früchte werden für Erwachsene als tödliche Dosis angesehen.

Die Volksmedizin verwendete früher Abkochungen der Früchte als harntreibendes Mittel. Die gepulverten Früchte und das fette Öl galten als wirksam gegen Ungeziefer. Heute werden homöopathische Zubereitungen der Pflanze gelegentlich bei Kopfschmerzen und bei Lebererkrankungen eingesetzt.

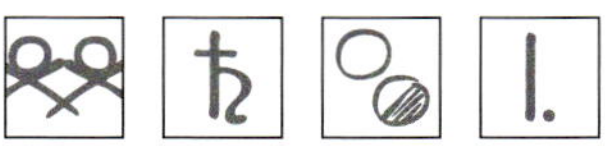

Euphorbia cyparissias
Zypressen-Wolfsmilch

Herkunft: Europa, Amerika.
Blatt: Blaugrün gefärbt; linealisch.
Blüte: Kleine Blüten mit auffälligen Hochblättern, gelb oder grünlich gelb, in Doldentrauben; IV–VI.
Frucht: Kapsel.
Wuchs: Staude; 0,2–0,5 m hoch.
Standort: Sonniger bis absonniger Standort; trockene, schwach saure bis alkalische Böden mit geringem Nährstoffgehalt.
Vorkommen: Rasen, Wegränder, Weiden.
Giftige Pflanzenteile: Der Milchsaft ist stark giftig.
Vergiftungserscheinungen: Bei oraler Aufnahme ist mit Magenschmerzen, blutigem Durchfall, Pupillenerweiterung, Herzrhythmusstörungen, Schwindel, Nierenentzündungen, Bewusstseinsstörungen zu rechnen, in schweren Fällen erfolgt der Tod nach 1–3 Tagen.

Warnungen: Der Milchsaft führt bei Hautkontakt zu Blasenbildung und im Auge zu gefährlichen Binde- und Hornhautentzündungen.

Die Volksmedizin verwendete den eingedickten Milchsaft als Brech- und Abführmittel und als Hausmittel gegen Warzen, Sommersprossen und Haarausfall. Diese Anwendungen führten immer wieder zu schweren Vergiftungen.

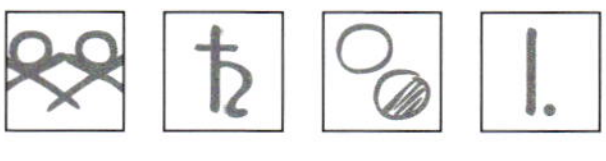

Euphorbia fulgens

Leuchtende Wolfsmilch, Korallenranke

Herkunft: Mexiko.
Blatt: Dunkelgrün gefärbt; lanzettlich; Blattende zugespitzt.
Blüte: Kleine Blüten mit auffälligen Hochblättern, orange, in Dolden; XII–I.
Frucht: Kapsel.
Wuchs: Schnittblume/Zimmerpflanze; 0,6–1,0 m hoch.
Vorkommen: Bei uns als Zierpflanze.
Giftige Pflanzenteile: Die gesamte Pflanze ist giftig, besonders der Milchsaft.
Vergiftungserscheinungen: Erbrechen, Durchfall sowie Zittern und Benommenheit.
Warnungen: Der Milchsaft kann hautreizend wirken. Der Pollen kann Allergien auslösen.

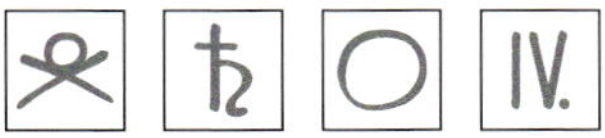

Euphorbia milii

Kleiner Christusdorn

Herkunft: Madagaskar.
Blatt: Hellgrün gefärbt; eilanzettlich.
Blüte: Kleine Blüten mit auffälligen Hochblättern, rot, auch weiß, in Doldenrispen, XI–IV.
Frucht: Kapsel.
Wuchs: Zimmerpflanze; 0,8–1,0 m hoch.
Standort: Kakteenerde.
Vorkommen: Bei uns als Zierpflanze.
Giftige Pflanzenteile: Der Milchsaft ist giftig.
Vergiftungserscheinungen: Kopfschmerzen, Benommenheit und Schock.
Warnungen: Der Milchsaft wirkt hautreizend.

Euphorbia myrsinites
Walzen-Wolfsmilch

Herkunft: Europa, Mittelasien, Türkei, Iran.
Blatt: Mattgraugrün gefärbt; eiförmig bis verkehrt eiförmig; Blattende kurz zugespitzt bis stachelspitzig.
Blüte: Blüten klein, mit auffälligen Hochblättern, gelbgrün, in kugeligen Köpfchen; VI–VII.
Frucht: Kapsel.
Wuchs: Staude; 0,15–0,25 m hoch.
Vorkommen: Gärten.
Giftige Pflanzenteile: Der Milchsaft ist giftig.
Vergiftungserscheinungen: Kopfschmerzen, Benommenheit und Schock.
Warnungen: Der Milchsaft wirkt hautreizend.

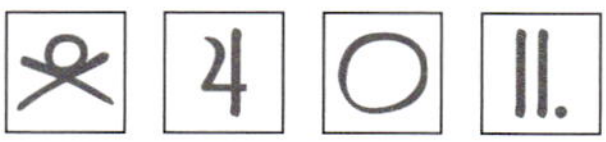

Euphorbia pulcherrima-Sorten
Weihnachtsstern, Poinsettie

Herkunft: Mexiko.
Blatt: Grün gefärbt; länglich-eiförmig, gelappt.
Blüte: Blüten klein mit auffälligen Hochblättern, weiß bis rosa; XII.
Frucht: Kapsel.
Wuchs: Zimmerpflanze; 0,3–0,6 m hoch.
Vorkommen: Bei uns als Zierpflanze.
Giftige Pflanzenteile: Die gesamte Pflanze ist giftig, besonders der Milchsaft.
Vergiftungserscheinungen: Erbrechen, Durchfall sowie Zittern und Benommenheit.
Warnungen: Der Milchsaft kann hautreizend wirken. Der Pollen kann Allergien auslösen.

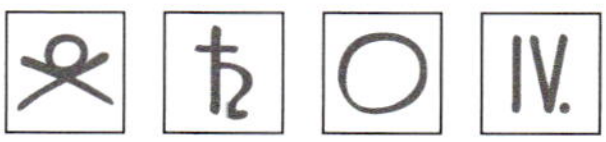

Fagopyrum esculentum
Echter Buchweizen

Herkunft: Europa, Russland, Mittelasien, China.
Blatt: Grün gefärbt; spießförmig bis dreieckig; Blattende zugespitzt.
Blüte: Einzelblüten radiärsymmetrisch, ausgebreitet, weiß bis blassrosa, in Doldenrispen; VI–IX.
Frucht: Nüsse mit 3 scharfen, ganzrandigen Kanten.
Wuchs: Staude; 0,5–0,7 m hoch.
Vorkommen: Kulturpflanze.
Giftige Pflanzenteile: Das Laub ist giftig.
Vergiftungserscheinungen: Fagopyrin wirkt fototoxisch. Das Kraut ist giftig für Tiere.

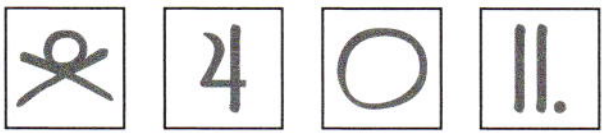

Fatsia japonica
Zimmeraralie

Herkunft: Korea, Japan.
Blatt: Leicht glänzend blaugrün gefärbt; tief handförmig gelappt; Blattende zugespitzt.
Blüte: Einzelblüten in Rispen, gelblich weiß; Blüte unscheinbar; XII–I.
Frucht: Beere, schwarz.
Wuchs: Zimmerpflanze/Kübelpflanze; 0,6–1,0 m hoch; am Naturstandort 2,0–4,0 m hoch.
Vorkommen: Bei uns als Zierpflanze.
Giftige Pflanzenteile: Die gesamte Pflanze ist giftig.
Vergiftungserscheinungen: Bisher sind keine Vergiftungsunfälle dokumentiert.

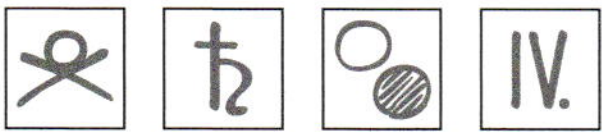

Frangula alnus
Faulbaum, Gemeiner Faulbaum

Herkunft: Europa, Asien, Afrika.
Blatt: Oberseite dunkelgrün, Unterseite hellgrün gefärbt; breit eiförmig bis elliptisch; Blattende stumpf zugespitzt.
Blüte: Grünlich weiß, Büschel; V–VII.
Frucht: Kugelige Steinfrüchte, schwarzrot, unreif rot, mit 2–3 Steinkernen.
Wuchs: Strauch; 2,0–4,0 m hoch; Durchmesser 2,0–3,0 m.
Vorkommen: Moore, feuchte Wälder.
Giftige Pflanzenteile: Laub, Rinde und Früchte sind giftig.
Vergiftungserscheinungen: Der Genuss von Beeren kann zu starken Durchfällen führen. Wie alle Abführmittel soll Faulbaumrinde nicht andauernd verwendet werden.

Fritillaria imperialis
Kaiserkrone

Herkunft: Vorderasien.
Blatt: Hellgrün gefärbt; lanzettlich bis breitlanzettlich; Blattende zugespitzt.
Blüte: Einzelblüten glockenförmig, hängend, gelb bis rot, in Büscheln unter einem endständigen Blattschopf; IV–V.
Frucht: Kapsel, 6-kantig.
Wuchs: Zwiebel/Schnittblume; 0,7–0,9 m hoch.
hohem Nährstoffgehalt.
Vorkommen: Gärten.
Giftige Pflanzenteile: Die Zwiebel ist giftig.
Vergiftungserscheinungen: Erbrechen, Krämpfe und Blutdrucksenkung. Bei extremen Vergiftungen kann Herzstillstand ausgelöst werden.

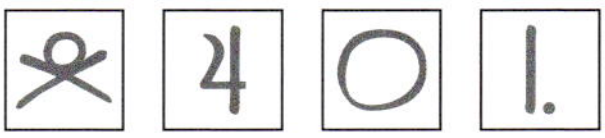

Fritillaria meleagris
Gewöhnliche Schachblume, Kiebitzblume

Herkunft: Europa, Skandinavien.
Blatt: Graugrün gefärbt; schmal linealisch.
Blüte: Glockenförmig, hängend, violett mit hellen, quadratischen Feldern; IV–V.
Frucht: Kugelige Kapsel.
Wuchs: Zwiebel/Schnittblume; 0,3–0,4 m hoch.
Standort: Sonniger Standort; feuchte, schwach saure bis neutrale Böden mit hohem Nährstoffgehalt.
Vorkommen: Gärten, sumpfige Wiesen.
Giftige Pflanzenteile: Die Zwiebel ist giftig.
Vergiftungserscheinungen: Erbrechen, Krämpfe und Blutdrucksenkung. Bei extremen Vergiftungen kann Herzstillstand ausgelöst werden.

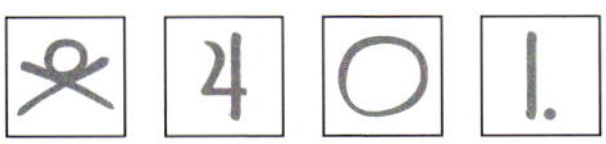

Galanthus nivalis
Kleines Schneeglöckchen

Herkunft: Europa.
Blatt: Blaugrün bis graugrün gefärbt; schmal linealisch bis lineal lanzettlich; Blattende zugespitzt.
Blüte: Blüten glockenförmig, weiß, innere Blütenblätter grün gerandet; I–III.
Frucht: Kapsel.
Wuchs: Zwiebel; 0,10–0,20 m hoch.
Standort: Absonniger bis halbschattiger Standort; frische Böden mit hohem Nährstoffgehalt.
Vorkommen: Gärten, feuchte Laubwälder.
Giftige Pflanzenteile: Die gesamte Pflanze ist giftig.
Vergiftungserscheinungen: Übelkeit, Erbrechen, Durchfall und enge Pupillen.

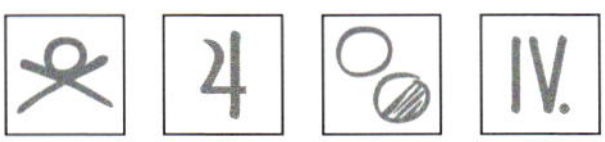

Genista tinctoria

Färber-Ginster, Eiblatt-Ginster

Herkunft: Europa, Russland.

Blatt: Oberseite glänzend grün, Unterseite dunkelgrün gefärbt; elliptisch bis lanzettlich; Blattende zugespitzt.

Blüte: Schmetterlingsförmige Blüten, goldgelb, in Trauben; VI–VIII.

Frucht: Stark abgeflachte Hülse, kahl.

Wuchs: Strauch; 0,5–1,0 m hoch; Durchmesser 0,8–1,5 m.

Standort: Sonniger bis absonniger Standort; sehr trockene bis frische, schwach saure bis schwach alkalische Böden mit sehr geringem bis geringem Nährstoffgehalt.

Vorkommen: Magerrasen, Moorwiesen, lichte Wälder.

Giftige Pflanzenteile: Die gesamte Pflanze ist stark giftig.

Vergiftungserscheinungen: Erbrechen, Durchfall, Schwindel, Kopfschmerzen und Kollaps.

Warnungen: Ginster nicht an Teiche pflanzen; die Samen können für Fische tödlich sein.

> Die Volksmedizin verwendet Färberginsterkraut als Bestandteil von Blutreinigungstees bei Harnwegsinfektionen, bei Blasen- und Nierensteinen sowie bei Rheuma und Gicht. Der Färberginster war früher eine wichtige Pflanze zum Gelbfärben von Wolle.

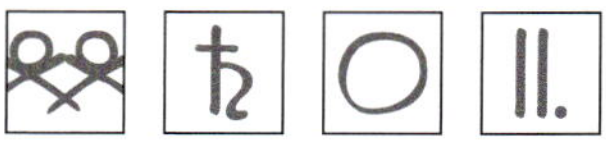

Gleditsia triacanthos

Amerikanische Gleditschie, Dreidorniger Lederhülsenbaum

Herkunft: Nordamerika.
Blatt: Hellgrün, doppelt gefiedert bis gefiedert mit 20 bis 30 Blättchen; Blattende stumpf bis zugespitzt.
Blüte: Unscheinbar duftend; VI–VII.
Frucht: Hülse, glänzend dunkelbraun, flach, lederartig.
Wuchs: Gehölz; 15–25 m hoch; Durchmesser 8–15 m.
Vorkommen: Alleebaum, Parkbaum.
Giftige Pflanzenteile: Das Laub ist giftig.
Vergiftungserscheinungen: Krämpfe, Atem- und Kreislaufstörungen sein. Früchte und Samen sind essbar.

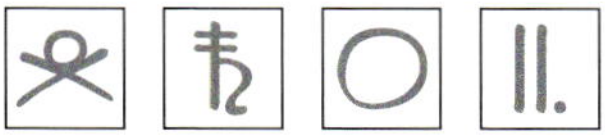

Globularia punctata

Gewöhnliche Kugelblume, Punktierte Kugelblume

Herkunft: Europa.
Blatt: Grün gefärbt; zungenförmig bis spatelförmig; Blattende abgerundet oder stumpf zugespitzt.
Blüte: Trichterförmige Einzelblüten, blauviolett; in Köpfchen IV–VI.
Frucht: Längliche Nüsschen.
Wuchs: Staude; 0,05–0,15 m hoch.
Vorkommen: Abhänge, trockene Wiesen.
Giftige Pflanzenteile: Die gesamte Pflanze ist giftig.
Vergiftungserscheinungen: Erbrechen und Durchfälle sowie Schwindel.

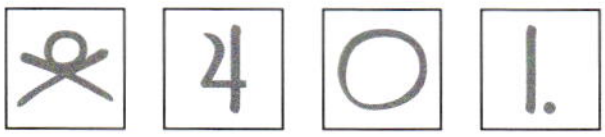

Gratiola officinalis
Gottes-Gnadenkraut

Herkunft: Europa, Kaukasusländer, Russland, Mittelasien, Türkei.
Blatt: Dunkelgrün gefärbt; lanzettlich.
Blüte: Blüten röhrig, weiß bis rötlich; VI–II.
Frucht: Kapsel, 2-fächrig.
Wuchs: Staude; 0,2–0,4 m hoch.
Standort: Sonniger bis halbschattiger Standort; trockene bis feuchte, neutrale bis alkalische Böden mit normalem Nährstoffgehalt.
Vorkommen: Feuchtwiesen, Gräben, Sümpfe, Uferbereiche.
Giftige Pflanzenteile: Die gesamte Pflanze ist stark giftig.
Vergiftungserscheinungen: Übelkeit, Erbrechen, Speichelfluss, Koliken, blutige Durchfälle und Nierenreizung. Der Tod erfolgt durch Kollaps.
Warnungen: Wegen seiner starken Giftigkeit darf Gottes-Gnadenkraut nicht selbst angewendet werden. Schon kleine therapeutische Dosen können schwere Nebenwirkungen hervorrufen.

> Das Gottes-Gnadenkraut war früher eine geschätzte Heilpflanze. Die Anwendung als Brech- und Abführmittel stand dabei im Mittelpunkt. Gelegentlich wurde das Kraut als Abtreibungsmittel verwendet, was nicht selten zu schweren Vergiftungen führte. Ruhm erlangte Gottes-Gnadenkraut durch seinen Ruf bei Frauen eine starke sexuelle Aktivität herbeizuführen.

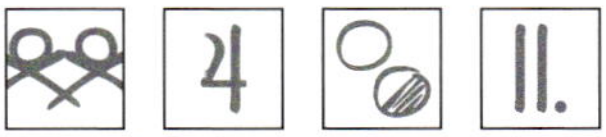

Hedera helix
Gewöhnlicher Efeu, Gemeiner Efeu

Herkunft: Europa, Levante, USA, Türkei.
Blatt: Rundlich bis dreieckig, gelappt, dunkelgrün.
Blüte: Gelblich grün, Dolden; IX–X.
Frucht: Kugelige Beeren.
Wuchs: Gehölz/Strauch; 15–25 m hoch.
Vorkommen: Felsen, Gärten, Laubwälder, Mauern, Parks.
Giftige Pflanzenteile: Laub und Frucht sind giftig.
Vergiftungserscheinungen: Bei oraler Aufnahme ist mit Brennen in Mund und Rachen, Durchfällen, Krämpfen und bei Aufnahme großer Mengen mit Atemstillstand zu rechnen. Efeu kann hautreizende und allergieauslösende Wirkung haben.

Heliotropium arborescens
Sonnenwende, Heliotrop

Herkunft: Peru.
Blatt: Dunkelgrün gefärbt; lanzettlich bis breit-lanzettlich; Blattende zugespitzt.
Blüte: Einzelblüten röhrig, Zipfel der Kronblätter radartig ausgebreitet, blauviolett, in Wickeln; duftend; V–IX.
Frucht: Nüsschen, 1-samig.
Wuchs: Einjährig/Halbstrauch; 0,3–0,6 m hoch.
Vorkommen: Bei uns als Zierpflanze.
Giftige Pflanzenteile: Die gesamte Pflanze ist giftig.
Vergiftungserscheinungen: Bei schweren Vergiftungen ist mit erhöhter Herzfrequenz, Pupillenerweiterung und Lähmungen des Atemzentrums zu rechnen.

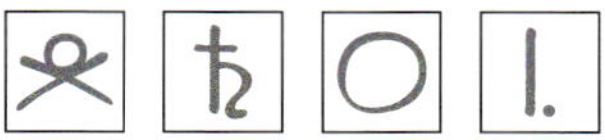

Helleborus foetidus

Stinkende Nieswurz, Palmblatt-Nieswurz

Herkunft: Mitteleuropa, Britische Inseln, Frankreich und Benelux-Staaten, Iberische Halbinsel, Italien.

Blatt: Dunkelgrün gefärbt; länglich lanzettlich; Blattende lang zugespitzt.

Blüte: Blüten glockenförmig bis krugförmig, hellgrün, rotbraun gerandet; III–IV.

Frucht: Vielsamige Balgfrucht.

Wuchs: Staude/Schnittblume; 0,3–0,5 m hoch.

Standort: Absonniger bis halbschattiger Standort; trockene bis frische, neutrale bis alkalische Böden mit geringem bis normalem Nährstoffgehalt.

Vorkommen: Trockenwälder, trockenes Gebüsch.

Giftige Pflanzenteile: Die gesamte Pflanze ist sehr stark giftig.

Vergiftungserscheinungen: Beim Verzehr der verschiedenen Nieswurz-Arten können folgende Vergiftungserscheinungen auftreten: Kratzen in Mund und Rachen, erhöhter Speichelfluss, Durchfall, Erbrechen, Koliken, Pupillenerweiterung und Atemnot. Der Tod erfolgt durch Atemlähmung.

Warnungen: Bei einer Anwendung der Droge überwiegen erhebliche gesundheitliche Risiken, sie ist heute nicht mehr zu vertreten.

Nieswurz-Arten waren schon in der Antike bekannt. Die Wurzeln der Stinkenden Nieswurz wurden volksmedizinisch als Wurm-, Brech- und Abführmittel sowie gegen Menstruationsbeschwerden verwendet. Da bei einer Anwendung der Droge erhebliche gesundheitliche Risiken überwiegen, ist diese heute nicht mehr zu vertreten.

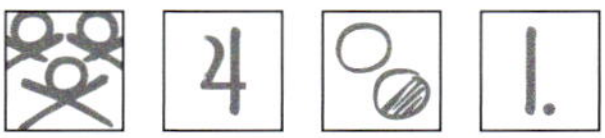

Helleborus purpurascens

Purpur-Nieswurz, Balkan-Lenzrose

Herkunft: Italien, Ungarn, Bosnien-Herzegowina, Rumänien, östliches Mitteleuropa, Balkanhalbinsel, Osteuropa.

Blatt: Dunkelgrün gefärbt; 7- bis 9-teilig; Blattende zugespitzt.

Blüte: Schalenförmige Blüten, purpurn, innen auch blassgrün; III–IV.

Frucht: Vielsamige Balgfrucht.

Wuchs: Staude; 0,2–0,3 m hoch.

Standort: Halbschattiger bis lichtschattiger Standort; frische, neutrale bis alkalische Böden mit geringem bis hohem Nährstoffgehalt.

Vorkommen: Bergwälder.

Giftige Pflanzenteile: Die gesamte Pflanze ist sehr stark giftig.

Vergiftungserscheinungen: Nach oraler Aufnahme treten Atemnot, Unruhe, Krämpfe und Lähmungen auf. Der Tod erfolgt durch Atemlähmung.

Warnungen: Bei einer Anwendung der Droge überwiegen erhebliche gesundheitliche Risiken, sie ist heute nicht mehr zu vertreten.

Die verschiedenen Nieswurz-Arten wurden bereits in der Antike als Heilpflanze verwendet. Die gepulverte Droge war früher auch Bestandteil von Schnupftabak. Bereits im 16. Jahrhundert zog die Christrose in die Gärten ein. Die Purpur-Nieswurz ist wegen ihrer Blütenfarbe als Zierpflanze besonders beliebt. Sie kommt gerade in verschneiten Gärten gut zur Geltung.

Hepatica nobilis
Gewöhnliches Leberblümchen

Herkunft: Europa, China, Korea, Japan, Amur.
Blatt: Dunkelgrün gefärbt; herzförmig, 5-lappig bis dreilappig; Blattende abgerundet bis kurz zugespitzt.
Blüte: Schalenförmige Blüten, rosa oder blau; III–IV.
Frucht: Trockenes Bläschen.
Wuchs: Staude; 0,05–0,15 m hoch.
Vorkommen: Schattige Wälder.
Giftige Pflanzenteile: Die gesamte Pflanze ist giftig.
Vergiftungserscheinungen: Bei oraler Aufnahme kommt es zu Übelkeit, Durchfällen, Blutungsneigung und Nierenschädigungen. Der Saft wirkt auch hautreizend.

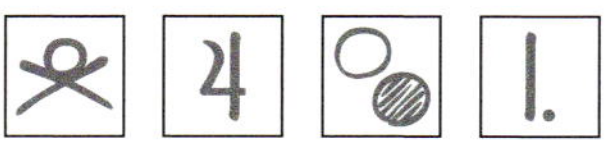

Heracleum mantegazzianum
Riesen-Bärenklau, Herkulesstaude

Herkunft: Europa, Kaukasusländer.
Blatt: Grün gefärbt; fiederschnittig; Blattende zugespitzt.
Blüte: Weiß, später rosa; Dolden; VI–VII.
Frucht: Spaltfrüchte, eiförmig-länglich.
Wuchs: Zweijährig/Staude; 1,5–2,5 m hoch.
Vorkommen: Uferbereiche, Wegränder, Wälder.
Giftige Pflanzenteile: Die gesamte Pflanze ist giftig, besonders unreife Früchte und Kraut.
Vergiftungserscheinungen: Der Saft dieser Pflanze hat stark fototoxische Wirkung.

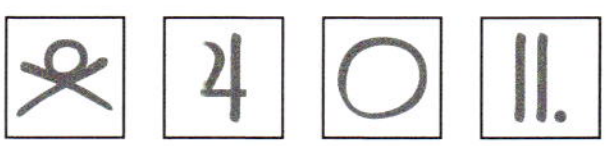

Hippeastrum-Cultivars

Amaryllis, Ritterstern

Blatt: Grün bis hellgrün gefärbt; länglich lanzettlich bis breit-lanzettlich; Blattende stumpf zugespitzt bis abgerundet.

Blüte: Einzelblüten breit trichterförmig, weiß bis rosa, auch mehrfarbig, in Dolden auf langen, hohlen Schäften; II–V.

Frucht: Kapsel.

Wuchs: Zimmerpflanze/Schnittblume; 0,3–0,6 m hoch.

Vorkommen: Bei uns als Zierpflanze.

Giftige Pflanzenteile: Die gesamte Pflanze ist stark giftig.

Vergiftungserscheinungen: Übelkeit, Erbrechen, Durchfall, starke Schweißausbrüche sowie Benommenheit.

Warnungen: Der Pflanzensaft kann Hautreizungen verursachen.

Amaryllis gehört in der Vorweihnachtszeit zu unseren beliebtesten Schnittblumen. Ernsthafte Vergiftungen sind nur vorstellbar, wenn das Wasser der Blumenvase versehentlich getrunken wird.

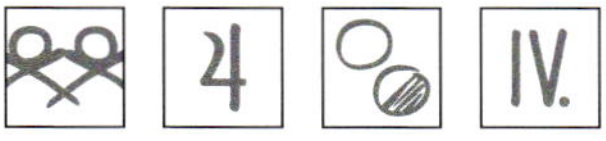

Hyoscyamus niger

Schwarzes Bilsenkraut

Herkunft: Europa, Mittelasien, Himalaja, Afrika.

Blatt: Mattgrün gefärbt; eiförmig, gelappt; Blattende zugespitzt oder stumpf.

Blüte: Gelb, in einseitswendigen Wickeln; V–X.

Frucht: Kapseln.

Wuchs: Einjährig/zweijährig; 0,4–0,6 m hoch.

Vorkommen: Schuttflächen, Wegränder.

Giftige Pflanzenteile: Die gesamte Pflanze ist sehr stark giftig, besonders Wurzeln und Samen.

Vergiftungserscheinungen: Bei oraler Aufnahme ist zunächst: mit Erregung von Heiterkeit bis Tobsucht, Bewusstseinsstörungen, starke Hautrötungen, trockener Mund, Übelkeit und Erbrechen, heftiger Durst, Pupillenerweiterung und Lähmungen zu rechnen. Der Tod erfolgt durch Atemlähmung.

Warnungen: Vorsicht im Umgang mit der stark giftigen Pflanze. Bereits 15 Samen gelten für Kinder als tödlich.

Das Bilsenkraut soll schon bei den Babyloniern, im alten Ägypten und im alten Persien für seine Wirkung bekannt gewesen sein. Die Pflanze wurde als Pfeilgift und für Giftmorde verwendet. Seit der altbabylonischen Zeit wurde die Pflanze auch als Arzneipflanze genutzt. Im Mittelalter galt Bilsenkraut als die Zauberpflanze schlechthin. Sie zählte zu den Rauschdrogen und war häufig Bestandteil von Hexensalben- und Liebestrankrezepturen. Wahrsager versetzten sich mit Bilsenkraut in Trance. Der Missbrauch der Pflanze kann zu schweren, auch lebensgefährlichen Vergiftungen führen.

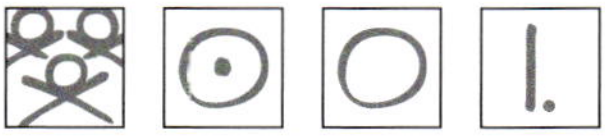

Ilex aquifolium

Gewöhnliche Stechpalme, Hülsdorn

Herkunft: Europa, Türkei, Syrien, Afrika.
Blatt: Oberseite dunkelgrün, Unterseite gelbgrün gefärbt; elliptisch bis lanzettlich; Blattende zugespitzt, mit Dornenspitze.
Blüte: Weiß, weibliche Blüten meist einzeln, männliche in Büscheln zu 3; duftend; V–VI; Blüte unscheinbar; zweihäusig.
Frucht: Rundliche Steinfrucht, leuchtend rot, mit 2–4 Steinkernen.
Wuchs: Gehölz/Strauch; 3–15 m hoch; Durchmesser 3–5 m.
Standort: Absonniger bis schattiger Standort; trockene bis feuchte, saure bis schwach alkalische Böden mit normalem bis hohem Nährstoffgehalt.
Vorkommen: Gärten, Parks, Wälder.
Giftige Pflanzenteile: Laub und Früchte sind stark giftig.
Vergiftungserscheinungen: Zuerst treten Übelkeit und Erbrechen auf; es folgen Durchfälle, Lähmungen, Herzrhythmusstörungen, Magenentzündungen und große Müdigkeit. Tiere gelten als nicht gefährdet.
Warnungen: 20–30 Früchte gelten für Erwachsene als tödliche Dosis.

Die Stechpalme wurde bereits im Mittelalter als Heilpflanze gegen Husten und Seitenstechen verwendet. Sie wurde auch zur Abwehr von Zauber genutzt. Verschiedene Kulturformen der Stechpalme werden häufig als Ziergehölz in Gärten und Parks gepflanzt. Durch den Verzehr der leuchtenden Beeren kommt es besonders bei Kindern immer wieder zu Vergiftungsunfällen.

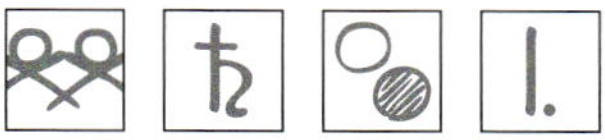

Juniperus sabina

Sadebaum, Gemeiner Sadebaum

Herkunft: Europa, Kaukasusländer, Sibirien, Mittelasien, Algerien.

Blatt: Nadel- und schuppenförmig; Oberseite blaugrün, Unterseite dunkelgrün gefärbt.

Blüte: Weibl. Blüte grün, Blütenstände kugelig, männl. Blüte gelblich, meist zu mehreren kopfig vereint; Blüte unscheinbar; zweihäusig; III–IV.

Frucht: Kugelige Beerenzapfen, schwarzblau, bereift, kurz gestielt, nickend.

Wuchs: Gehölz; 1,5–2,0 m hoch.

Standort: Sonniger Standort; trockene bis frische, saure bis alkalische Böden mit geringem bis normalem Nährstoffgehalt.

Giftige Pflanzenteile: Die gesamte Pflanze ist sehr stark giftig.

Vergiftungserscheinungen: Es können Übelkeit, Erregung, Herzrhythmusstörungen, Atemlähmung, Gebärmutterkrämpfe und zentrale Lähmungen auftreten. Das Öl wirkt stark hautreizend und blasenziehend.

Warnungen: 6 Tropfen des Öls gelten als tödliche Dosis.

Die Giftigkeit sowie die Heilwirkung des Sadebaumes waren schon im Altertum bekannt. Die Volksmedizin verwendete den Baum als Abtreibungsmittel und zur Herstellung hautreizender Salben. Der Missbrauch der Droge zu Abtreibungszwecken führte nicht selten zum Tod. Als Heilpflanze wird der Sadebaum heute fast ausschließlich homöopathisch verwendet.

Laburnum anagyroides
Gewöhnlicher Goldregen

Herkunft: Mitteleuropa, Balkanhalbinsel.

Blatt: Oberseite stumpfgrün, Unterseite graugrün gefärbt; 3-zählig; Blattende stumpf bis spitz.

Blüte: Schmetterlingsblüten, gelb, in Trauben stehend; V–VI.

Frucht: Hülse, braun, stark abgeflacht, mit wulstigem Rand, gekrümmt, anliegend seidenhaarig, zwischen den Samen eingeschnürt.

Wuchs: Strauch/Gehölz; 5–7 m hoch; Durchmesser 3,0–4,0 m.

Standort: Sonniger bis absonniger Standort; trockene bis frische, schwach saure bis stark alkalische Böden mit geringem bis normalem Nährstoffgehalt.

Vorkommen: Gärten, Parks.

Giftige Pflanzenteile: Die gesamte Pflanze ist sehr stark giftig, besonders die reifen Samen.

Vergiftungserscheinungen: Setzen bereits nach 15–60 Minuten ein: Brennen in Mund und Rachen, Übelkeit, lang anhaltendes, auch blutiges Erbrechen, Schweißausbrüche, Krämpfe, Lähmungen, Verwirrungszustände. Nach einigen Stunden Atemlähmung.

Warnungen: Vergiftungen mit Goldregen nehmen eine Spitzenstellung ein. 3–4 Schoten gelten für Kleinkinder als tödlich. Auch getrocknete Pflanzen sind giftig.

Der Goldregen wird seit dem 16. Jahrhundert in unseren Breiten angepflanzt. Früher wurden Extrakte der Pflanze als Brech- und Abführmittel sowie bei Nervenschmerzen und Asthma angewendet. Wegen der extremen Giftigkeit der Pflanze muss vor diesen Anwendungen gewarnt werden!

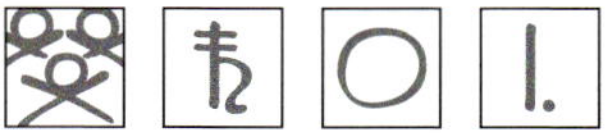

Lantana camara-Sorten

Wandelröschen, Lantanen

Blatt: Grün bis weißgrün gefärbt; eiförmig.
Blüte: Trichterförmige Blüten, weiß, gelb, orange, rosa, lila, in Dolden; Einzelblüten öffnen sich von außen nach innen und „wandeln“ dabei die Farbe; V–X.
Frucht: Beere, jung grün, reif schwarz, selten fruchtend.
Wuchs: Einjährig/Halbstrauch; 0,3–0,4 m hoch.
Vorkommen: Bei uns als Zierpflanze.
Giftige Pflanzenteile: Die gesamte Pflanze ist giftig, besonders die Früchte.
Vergiftungserscheinungen: Erbrechen und Durchfall sowie Pupillenerweiterung.

Lathyrus odoratus

Edel-Wicke, Duft-Wicke

Herkunft: Italien, Apenninenhalbinsel.
Blatt: Hellgrün gefärbt; oval.
Blüte: Schmetterlingsförmige Blüten, weiß, rosa, rot, violett, cremegelb;VI–IX.
Frucht: Hülse.
Wuchs: Einjährig/Schnittblume; 1,0–2,0 m hoch.
Standort: Sonniger bis halbschattiger Standort; frische bis feuchte, neutrale bis schwach alkalische Böden mit hohem Nährstoffgehalt.
Vorkommen: Gärten.
Giftige Pflanzenteile: Der Samen ist giftig.
Vergiftungserscheinungen: Bisher sind keine Vergiftungsunfälle dokumentiert.

Ledum palustre
Sumpf-Porst

Herkunft: Mitteleuropa, Britische Inseln, Osteuropa, Skandinavien, Grönland, Alaska, Kanada, Russland, China, Amur.
Blatt: Oberseite oliv, Unterseite braungrün gefärbt; lanzettlich bis linealisch; Blattende stumpf.
Blüte: Sternförmige Einzelblüten, weiß, in Dolden stehend; V–VI.
Frucht: Kapsel, 5-klappig, aufspringend.
Wuchs: Gehölz; 0,8–1,0 m hoch.
Vorkommen: Hochmoore, Moore.
Giftige Pflanzenteile: Laub und junge Sprosse sind giftig.
Vergiftungserscheinungen: Rauschartige Zustände, Krämpfe und Lähmungen.

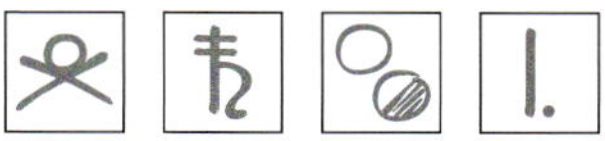

Leucojum aestivum
Sommer-Knotenblume, Sommertürchen

Herkunft: Europa, Kaukasusländer, Türkei.
Blatt: Dunkelgrün gefärbt; linealisch.
Blüte: Glocken- bis krugförmige Einzelblüten, weiß, Blütenspitzen mit grünem Punkt, in Dolden; V–VII.
Frucht: Kapsel.
Wuchs: Zwiebel; 0,3–0,5 m hoch.
Standort: Frische bis feuchte Böden mit hohem bis sehr hohem Nährstoffgehalt.
Vorkommen: Gärten, feuchte Wiesen.
Giftige Pflanzenteile: Die gesamte Pflanze ist giftig.
Vergiftungserscheinungen: Übelkeit, Erbrechen, Durchfall und Herzrhythmusstörungen.

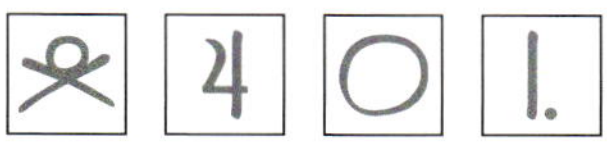

Leucojum vernum

Frühlings-Knotenblume, Märzenbecher

Herkunft: Mitteleuropa, Osteuropa, Italien, Slowenien, Kroatien.
Blatt: Dunkelgrün gefärbt; linealisch; Blattende abgerundet.
Blüte: Glockenförmige Einzelblüten, hängend, weiß, Blütenspitzen mit grünem Punkt, in Dolden; II–IV.
Frucht: Kapsel.
Wuchs: Zwiebel; 0,2–0,3 m hoch.
Vorkommen: Gärten, Laubwälder.
Giftige Pflanzenteile: Die gesamte Pflanze ist giftig.
Vergiftungserscheinungen: Es können Übelkeit, Erbrechen, Durchfall und Herzrhythmusstörungen auftreten.

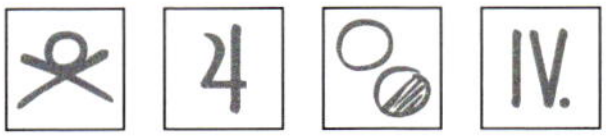

Ligustrum vulgare

Gewöhnlicher Liguster, Gemeine Rainweide

Herkunft: Europa, Kaukasusländer, Türkei, Iran, Marokko.
Blatt: Schmal eiförmig bis länglich lanzettlich, dunkelgrün.
Blüte: Kleine Einzelblüten, weiß, in Rispen; duftend; VI–VII.
Frucht: Kugelige Beere, glänzend schwarz.
Wuchs: Strauch; 3–5 m hoch; Durchmesser 3–5 m.
Vorkommen: Hecken, Waldränder, Wälder.
Giftige Pflanzenteile: Laub, Rinde und Frucht sind giftig.
Vergiftungserscheinungen: Übelkeit und Erbrechen mit Durchfall, Benommenheit, Kopfschmerzen, Kreislauflähmung und Schock.
Warnungen: Hautreizungen und Pollenallergien sind möglich.

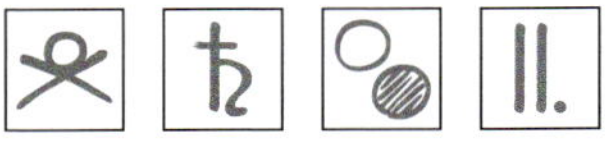

Lonicera caprifolium

Jelängerjelieber, Garten-Geißblatt

Herkunft: Europa, Kaukasusländer (Türkei).
Blatt: Oberseite dunkelgrün, Unterseite blaugrün gefärbt; breit eiförmig bis elliptisch; Blattende stumpf.
Blüte: Lippige Einzelblüten, gelbweiß, rötlich überlaufen, in Quirlen; duftend; V–VII.
Frucht: Elliptische Beere, karminrot.
Wuchs: Gehölz; 5–7 m hoch; Durchmesser 1,0–3,0 m.
Vorkommen: Gärten.
Giftige Pflanzenteile: Die Frucht ist giftig.
Vergiftungserscheinungen: Übelkeit und Erbrechen mit Bauchschmerzen. Es folgen Krämpfe, Fieber, Pupillenerweiterung, blutige Durchfälle und zum Schluss Atemlähmung.

Lonicera xylosteum

Rote Heckenkirsche, Gemeine Heckenkirsche

Herkunft: Europa, Russland, Türkei.
Blatt: Breit elliptisch bis eiförmig; stumpfgrün.
Blüte: Weißlich, verblühend gelblich; V–VI.
Frucht: Flachkugelige Beere, glänzend dunkelrot.
Wuchs: Strauch; 2,0–3,0 m hoch; Durchmesser 2,0–3,0 m.
Vorkommen: Hecken, Waldränder.
Giftige Pflanzenteile: Die Frucht ist giftig.
Vergiftungserscheinungen: Übelkeit und Erbrechen mit Bauchschmerzen. Es folgen Krämpfe, Fieber, Pupillenerweiterung, blutige Durchfälle und zum Schluss Atemlähmung.

Lupinus polyphyllus
Vielblättrige Lupine

Herkunft: Europa, USA, Kanada.
Blatt: Hellgrün gefärbt; handförmig geteilt.
Blüte: Einzelblüten schmetterlingsförmig, blau, in Trauben; VI–VIII.
Frucht: Behaarte Hülse, vielsamig.
Wuchs: Staude; 0,8–1,0 m hoch.
Standort: Sonniger bis absonniger Standort; frische, saure bis neutrale Böden mit normalem bis hohem Nährstoffgehalt.
Vorkommen: Gärten.
Giftige Pflanzenteile: Die Samen sind stark giftig.
Vergiftungserscheinungen: Bei Aufnahme größerer Mengen ist mit erhöhtem Speichelfluss, Erbrechen, Schluckbeschwerden, Herzrhythmusstörungen und aufsteigenden Lähmungen zu rechnen.

Die Lupine wird, wie viele andere Pflanzen aus der Familie der Fabaceae auch, häufig zur Gründüngung angepflanzt. Sie zählt zu den sogenannten Stickstoffsammlern. Mit diesen Pflanzen in Symbiose lebende Bakterienarten sind in der Lage, Stickstoff aus der Luft für Pflanzen verfügbar zu machen. Giftfreie Kulturformen der Lupine werden häufig als Futterpflanzen für Mastvieh angebaut.

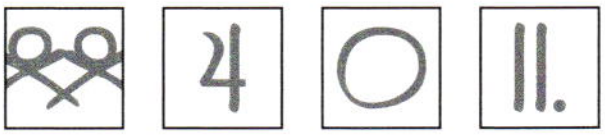

Lycium barbarum

Gewöhnlicher Bocksdorn, Chinesischer Bocksdorn

Herkunft: Europa, Kaukasusländer, Mittelasien, Zentral-China, Türkei, Afrika.

Blatt: Oberseite und Unterseite graugrün gefärbt; länglich lanzettlich.

Blüte: Blüten trichterförmig, purpurn oder violett, verblühend bräunlich; VI–IX.

Frucht: Eiförmige Beere, scharlachrot oder orangerot.

Wuchs: Strauch; 2,0–3,0 m hoch; Durchmesser 2,0–3,0 m.

Standort: Sonniger Standort; sehr trockene bis frische, schwach saure bis stark alkalische Böden mit sehr geringem bis normalem Nährstoffgehalt.

Vorkommen: Böschungen, Dämme.

Giftige Pflanzenteile: Die gesamte Pflanze ist stark giftig.

Vergiftungserscheinungen: Die giftigen Inhaltsstoffe dieser Pflanze sind nicht abschließend untersucht. Einige Autoren beschreiben ähnliche Vergiftungserscheinungen wie bei der Tollkirsche: Erregung von Heiterkeit bis Tobsucht und großer Durst. Es folgen Pupillenerweiterung, Sinnestäuschung, Herzrasen und zuletzt Atemlähmung.

Gewöhnlicher Bocksdorn wird bei uns als Zierstrauch und auch zur Befestigung von Dämmen und Abhängen angepflanzt und ist aus diesen Pflanzungen gelegentlich verwildert. Berichte von Vergiftungsunfällen mit dieser Pflanze sind eher selten zu finden.

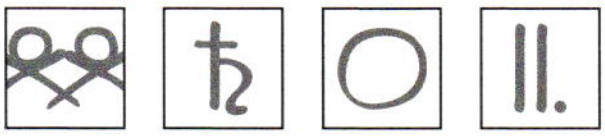

Macleaya cordata
Weißer Federmohn

Herkunft: China, Taiwan, Japan.
Blatt: Oberseite blaugrün, Unterseite weiß gefärbt; rundlich bis herzförmig, handförmig gelappt; Blattende kurz zugespitzt.
Blüte: Blüten ohne Kronblätter, Kelchblätter hinfällig, Staubblätter auffällig, blass gelb oder weißgelb, in Doldenrispen; VII–VIII.
Frucht: Kapsel, verkehrt eiförmig.
Wuchs: Staude; 1,8–2,5 m hoch.
Vorkommen: Kulturpflanze.
Giftige Pflanzenteile: Die gesamte Pflanze ist giftig.
Vergiftungserscheinungen: Vergiftungen wurden bisher nicht dokumentiert.

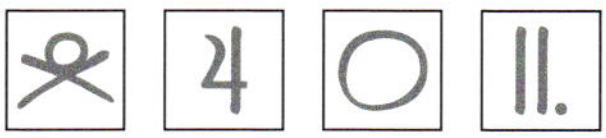

Mahonia aquifolium
Gewöhnliche Mahonie, Fiederberberitze

Herkunft: Frankreich, USA, westl. Kanada.
Blatt: Dunkelgrün gefärbt; unpaarig gefiedert mit 5 bis 11 Blättchen; Blattende zugespitzt, mit Dornenspitze.
Blüte: Einzelblüten glockenförmig, gelb, in Trauben; IV–V.
Frucht: Elliptische Beere, schwarzpurpurn, blau bereift.
Wuchs: Strauch; 0,5–1,0 m hoch; Durchmesser 0,6–1,0 m.
Vorkommen: Gärten, Parks.
Giftige Pflanzenteile: Die gesamte Pflanze ist schwach giftig.
Vergiftungserscheinungen: Übelkeit, Erbrechen, Durchfall und Nierenreizung. Die Beeren sind kaum giftig.

Mentha pulegium

Polei-Minze

Herkunft: Europa, Levante, Türkei, Iran, Afrika.
Blatt: Dunkelgrün gefärbt; eiförmig bis elliptisch.
Blüte: Hellblauviolett, selten weiß, in Scheinquirlen; VII–IX.
Frucht: Klausenfrucht.
Wuchs: Staude; 0,1–0,3 m hoch.
Vorkommen: Sumpfwiesen, Uferbereiche.
Giftige Pflanzenteile: Die gesamte Pflanze ist giftig.
Vergiftungserscheinungen: Würgen, Erbrechen, Blutdrucksteigerung und Lähmungen. Bei sehr hoher Dosierung erfolgt der Tod durch Atemlähmung.

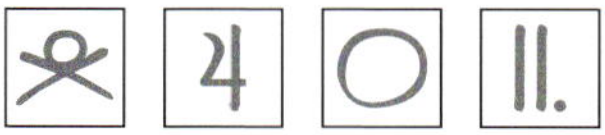

Monstera deliciosa

Fensterblatt, Großes Fensterblatt

Herkunft: Mexiko.
Blatt: Dunkelgrün gefärbt; eiherzförmig, tief gebuchtet.
Blüte: Blütenkolben gelb, Spatha weiß, Blüten erscheinen nur an älteren Pflanzen; IV–VIII.
Frucht: Beere.
Wuchs: Zimmerpflanze; 2,0–3,0 m hoch.
Standort: Absonniger bis lichtschattiger Standort; frische, schwach saure Böden mit normalem Nährstoffgehalt.
Vorkommen: Bei uns als Zierpflanze.
Giftige Pflanzenteile: Die gesamte Pflanze ist giftig.
Vergiftungserscheinungen: Vergiftungen wurden bisher nicht dokumentiert.

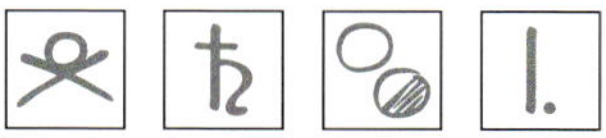

Myrica gale

Moor-Gagelstrauch, Brabanter Myrte

Herkunft: Europa.
Blatt: Mattgrün gefärbt; verkehrt schmal eiförmig bis lanzettlich.
Blüte: Bräunlich; zweihäusig; IV–V.
Frucht: Steinfrucht; kugelig, trocken.
Wuchs: Gehölz; 0,5–1,5 m hoch; Durchmesser 0,5–1,0 m.
Vorkommen: Moore.
Giftige Pflanzenteile: Die gesamte Pflanze ist schwach giftig.
Vergiftungserscheinungen: Die Einnahme der Blätter bewirkt Kopfschmerzen und Schwindel. Das giftige ätherische Öl war früher Bestandteil von Kräuterlikören und wurde zum Brauen von Bier verwendet.

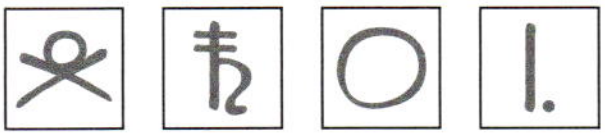

Narcissus pseudonarcissus

Gelbe Narzisse, Osterglocke

Herkunft: Schweiz, Britische Inseln, Frankreich und Benelux-Staaten, Iberische Halbinsel, Zentraleuropa.
Blatt: Grün gefärbt; schmallineal.
Blüte: Blüten röhrig, goldgelb, Trompete sehr groß, Krone hellgelb; III–V.
Frucht: Kapsel.
Wuchs: Zwiebel/Schnittblume; 0,15–0,25 m hoch.
Vorkommen: Bergwiesen, lichte Wälder.
Giftige Pflanzenteile: Die gesamte Pflanze ist giftig, besonders die Zwiebel.
Vergiftungserscheinungen: Übelkeit, Durchfall, Schock. Der Pflanzensaft löst häufig eine Kontaktdermatitis auf der Haut aus (Narzissendermatitis).

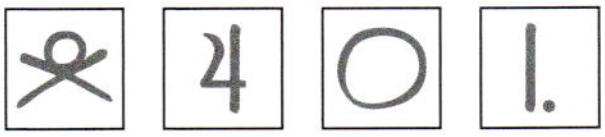

Nerium oleander

Oleander, Gemeiner Oleander

Herkunft: Österreich, Iberische Halbinsel, Italien, Balkanhalbinsel, Iran.

Blatt: Grün gefärbt; linealisch bis lanzettlich; Blattende zugespitzt.

Blüte: Trichterförmige Einzelblüten, rosarot, in Trugdolden stehend; VI–X.

Frucht: Schotenartige Balgfrüchte, aufspringend.

Wuchs: Staude/Kübelpflanze; 1,5–3,0 m hoch; am Naturstandort 3–5 m hoch.

Standort: Sonniger Standort; frische bis feuchte, neutrale Böden mit normalem Nährstoffgehalt.

Vorkommen: Bei uns als Zierpflanze.

Giftige Pflanzenteile: Die gesamte Pflanze ist stark giftig.

Vergiftungserscheinungen: Bei oraler Aufnahme des Giftes kommt es zu Gefühllosigkeit im Mund- und Rachenraum, Übelkeit, Erbrechen, Herzrhythmusstörungen, Pupillenerweiterung und Atemnot. Der Tod kann schon 2–3 Stunden nach Aufnahme des Giftes eintreten.

Schon unter Alexander dem Großen war die Giftwirkung des Oleanders bekannt. Auch Dioskurides weiß darüber zu berichten. Er empfiehlt ihn aber auch mit Wein getrunken gegen Schlangenbisse. In der mittelalterlichen Volksheilkunde verwendete man Oleander gegen Parasiten und als Rattengift. Seit dem 16. Jahrhundert wird Oleander als Zierpflanze gehalten. Die Reinsubstanzen der Pflanze sind heute Bestandteil von Präparaten zur Behandlung geschwächter Herzleistung.

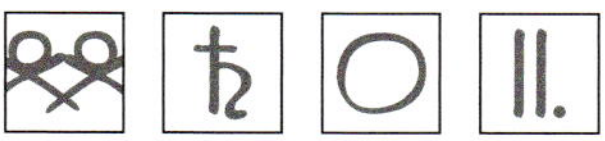

Nicotiana tabacum
Virginischer Tabak

Herkunft: Südamerika.
Blatt: Grün gefärbt; eilanzettlich bis eiförmig; Blattende zugespitzt.
Blüte: Eng trichterförmige Einzelblüten, rosa, in Rispen stehend; VI–IX.
Frucht: Eiförmig-spitze Kapseln, aufspringend.
Wuchs: Einjährig/Staude; 0,5–0,7 m hoch.
Standort: Sonniger Standort; frische, schwach saure bis schwach alkalische Böden mit hohem Nährstoffgehalt.
Vorkommen: Kulturpflanze.
Giftige Pflanzenteile: Die gesamte Pflanze ist sehr stark giftig, Ausnahme: reife Samen.
Vergiftungserscheinungen: Nicotin ist ein starkes Gift. Für Erwachsene gilt die orale Aufnahme von 40 bis 60 mg (enthalten im Tabak von 2–3 Zigaretten) als tödliche Dosis. Vergiftungserscheinungen sind Brennen in Mund und Rachen, Übelkeit, Erbrechen, Herzrhythmusstörungen, Krämpfe und Sehstörungen. Der Tod erfolgt durch Atemlähmung.

Indianer Südamerikas nutzten verschiedene Arten des Tabaks als Narkotikum und für rituelle Zwecke. Um 1560 brachten Spanier Samen der Tabakpflanze erstmals nach Europa, wo die Pflanze zunächst als Zierpflanze kultiviert wurde. Wenig später wurden auch hier die fermentierten Blätter zu dem bekannten Genussmittel verarbeitet. Heute werden Tabakauszüge auch zur Herstellung von verschiedenen Arzneimitteln und Insektiziden verwendet.

Nuphar lutea
Teichrose

Herkunft: Europa, Sibirien, Kleinasien.
Blatt: Grün gefärbt; herzförmig.
Blüte: Blüten kugelig, gelb; VI–VIII.
Frucht: Kapsel, flaschenförmig.
Wuchs: Staude; 0,10–0,20 m hoch.
Standort: Sonniger Standort; Wasserpflanze.
Vorkommen: Gewässer.
Giftige Pflanzenteile: Die gesamte Pflanze ist giftig.
Vergiftungserscheinungen: In Tierversuchen wurde erhöhter Blutdruck nachgewiesen.

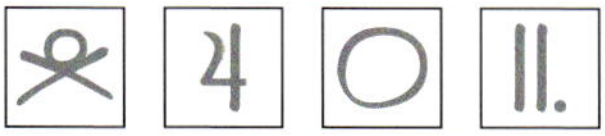

Nymphaea-Sorten
Seerose

Blatt: Grün gefärbt; herzförmig.
Blüte: Blüten schalenförmig, halb gefüllt, weiß, rosa, rot; VI–IX.
Frucht: Kapsel.
Wuchs: Staude/Schnittblume; 0,10–0,20 m hoch.
Standort: Sonniger Standort; Wasserpflanze.
Vorkommen: Gewässer.
Giftige Pflanzenteile: Die gesamte Pflanze ist giftig.
Vergiftungserscheinungen: Erregungszustände und Atemlähmung.

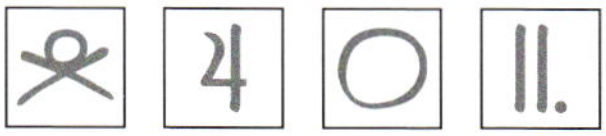

Oenanthe aquatica

Großer Wasserfenchel, Pferdesaat

Herkunft: Europa, Kaukasusländer, Amerika, Russland, Mittelasien.
Blatt: Grün gefärbt; 2-fach fiederteilig.
Blüte: Einzelblüten klein, ohne Kronblätter, weiß, in Dolden stehend; VI–VIII.
Frucht: Spaltfrucht.
Wuchs: Staude; 1,0–1,5 m hoch.
Standort: Sonniger bis absonniger Standort.
Vorkommen: Altwasser, Tümpel.
Giftige Pflanzenteile: Die gesamte Pflanze ist giftig, besonders das Kraut.
Vergiftungserscheinungen: Vergiftungen wie Durchfall und Krämpfe sind nur beim Vieh bekannt.
Warnungen: Bei Überdosierung wurden Nebenwirkungen wie Schwindel beobachtet.

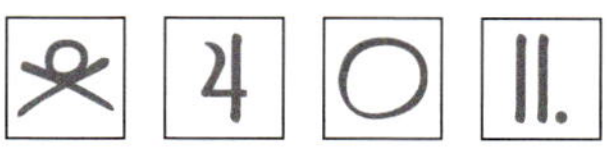

Ornithogalum umbellatum

Stern von Bethlehem, Dolden-Milchstern

Herkunft: Europa, Levante, Türkei.
Blatt: Grün gefärbt; linealisch.
Blüte: Einzelblüten sternförmig, weiß, Rückseite mit breitem, grünem Streifen, in Doldentrauben; IV–V.
Frucht: Keulenförmige Kapsel.
Wuchs: Zwiebel/Schnittblume; 0,3–0,5 m hoch.
Standort: Sonniger Standort; trockene bis frische Böden.
Vorkommen: Wegränder, Wiesen, Äcker.
Giftige Pflanzenteile: Die gesamte Pflanze ist giftig, besonders die Zwiebel.
Vergiftungserscheinungen: Speichelfluss, Blähungen, Schwäche wurden bisher nur bei Tieren beobachtet.

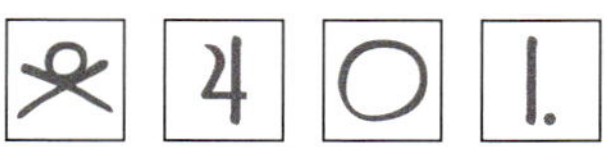

Oxalis acetosella
Wald-Sauerklee

Herkunft: Europa, Asien.
Blatt: Grün gefärbt; verkehrt herzförmig.
Blüte: Schalenförmige Blüten, weiß mit lila Zeichnung; IV–V.
Frucht: Kapsel, 5-fächrig.
Wuchs: Staude; 0,05–0,10 m hoch.
Standort: Lichtschattiger bis schattiger Standort.
Vorkommen: Feuchte Wälder.
Giftige Pflanzenteile: Die gesamte Pflanze ist giftig.
Vergiftungserscheinungen: Ernsthafte Vergiftungen sind bei Kindern bekannt: unregelmäßiger Puls, sinkender Blutdruck, Krämpfe, Kreislaufstörungen und zentrale Lähmungen.

Pachypodium lamerei
Madagaskarpalme, Dickfuß

Herkunft: Madagaskar.
Blatt: Dunkelgrün gefärbt; linealisch.
Blüte: Blüten schmal trichterförmig, weiß, als Zimmerpflanze selten blühend.
Wuchs: Zimmerpflanze; am Naturstandort 4–6 m hoch.
Vorkommen: Bei uns als Zierpflanze.
Giftige Pflanzenteile: Die gesamte Pflanze ist giftig.
Vergiftungserscheinungen: Im Fall einer Vergiftung muss mit Erbrechen, Durchfall und Krämpfen gerechnet werden.

Pachysandra terminalis
Japanischer Ysander, Dickanthere

Herkunft: China, Japan.
Blatt: Dunkelgrün, lanzettlich.
Blüte: Ähren, weiß; IV–V; einhäusig.
Frucht: Eiförmige Kapsel, weiß, glasartig, durch 2–3 bleibende Griffel gehörnt.
Wuchs: Staude/Gehölz; 0,2–0,3 m hoch; Durchmesser 0,2–0,3 m.
Standort: Halbschattiger bis schattiger Standort.
Vorkommen: Gärten, Parks.
Giftige Pflanzenteile: Die gesamte Pflanze ist giftig.
Vergiftungserscheinungen: Übelkeit, Erbrechen, Schwindel, Durchfall und Krämpfe.
Warnungen: Der Kontakt mit der Pflanze kann Hautreizungen hervorrufen.

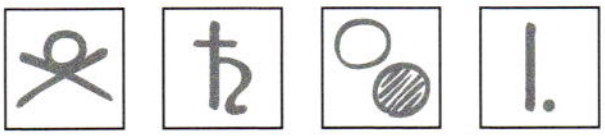

Paeonia officinalis
Bauern-Pfingstrose, Gewöhnliche Pfingstrose

Herkunft: Europa, Kaukasusländer.
Blatt: Dunkelgrün gefärbt; handförmig geteilt, tief eingeschnitten; Blattende lang zugespitzt.
Blüte: Blüten schalenförmig, rot oder rosa, Staubgefäße gelb; V–VI.
Frucht: Balgfrucht.
Wuchs: Staude/Strauch; 0,5–0,7 m hoch.
Standort: Sonniger Standort; frische Böden mit hohem Nährstoffgehalt.
Vorkommen: Gärten.
Giftige Pflanzenteile: Die gesamte Pflanze ist giftig.
Vergiftungserscheinungen: Erbrechen, Durchfall und Koliken.

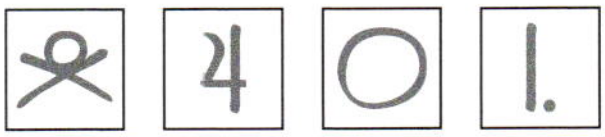

Papaver bracteatum
Mohn

Herkunft: Kaukasusländer, Türkei, Irak.
Blatt: Hellgrün gefärbt; länglich, fiederspaltig.
Blüte: Schalenförmige Blüten, tiefrot; VI–VII.
Frucht: Kapsel, 1-fächrig.
Wuchs: Staude; 0,6–0,8 m hoch.
Vorkommen: Gärten.
Giftige Pflanzenteile: Die gesamte Pflanze ist giftig, besonders der Milchsaft.
Vergiftungserscheinungen: Bauchschmerzen und Erbrechen.
Warnungen: *Papaver orientale* L. (*Papaver bracteatum* LINDL.) mit Varietäten fällt unter das „Gesetz über den Verkehr mit Betäubungsmitteln".

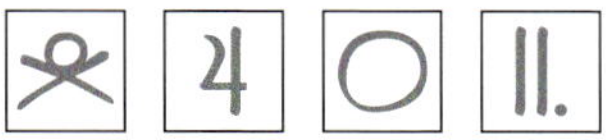

Papaver rhoeas
Klatsch-Mohn

Herkunft: Europa, Kaukasusländer, Türkei, Iran, Afrika, Makaronesien.
Blatt: Grün gefärbt; länglich, fiederspaltig.
Blüte: Schalenförmige Blüten, scharlachrot, Staubgefäße gelbbraun; V–VII.
Frucht: Kapsel, 1-fächrig.
Wuchs: Staude; 0,3–0,5 m hoch.
Standort: Sonniger bis halbschattiger Standort; Böden mit normalem bis hohem Nährstoffgehalt.
Vorkommen: Getreideunkraut, Raine, Schuttflächen, Wegränder.
Giftige Pflanzenteile: Die gesamte Pflanze ist giftig, besonders der Milchsaft.
Vergiftungserscheinungen: In erster Linie Erbrechen und Bauchschmerzen.

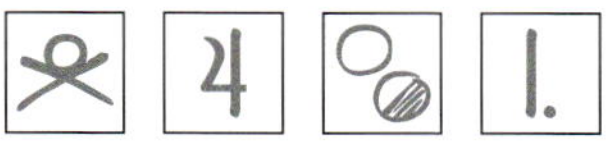

Papaver somniferum

Schlaf-Mohn

Herkunft: Europa, Asien, Gartenherkunft.
Blatt: Graugrün gefärbt; länglich; Blattende zugespitzt.
Blüte: Schalenförmige Blüten, weiß, innen dunkelrot gezeichnet, oder violett; VI–VIII.
Frucht: Kapseln, 1-fächrig, grünbraun bis graubraun.
Wuchs: Einjährig; 0,7–0,9 m hoch.
Standort: Sonniger Standort; trockene bis frische, schwach saure bis schwach alkalische Böden mit normalem Nährstoffgehalt.
Vorkommen: Kulturpflanze.
Giftige Pflanzenteile: Die gesamte Pflanze ist stark giftig, besonders die Kapseln. Die reifen Samen sind ungiftig.
Vergiftungserscheinungen: Übelkeit, Erbrechen, Wassereinlagerung, beiderseitiger Hörsturz. Akuten Morphinvergiftungen folgen narkoseähnliche Zustände mit Muskelerschlaffung, stark reduzierte Atmung und Pupillenverengung. Der Tod erfolgt durch Atemlähmung.
Warnungen: Bei häufigem Umgang mit Morphinderivaten ist mit Kontaktallergien zu rechnen. *Papaver somniferum* fällt unter das „Gesetz über den Verkehr mit Betäubungsmitteln“. Es dürfen nicht mehr als 25 Pflanzen angebaut und nicht mehr als 10 m² bepflanzt werden.

Schlaf-Mohn zählt zu den ältesten Arznei- und Kulturpflanzen. Theophrast, Dioskurides und Plinius berichteten, dass die Pflanze bereits im Altertum als Heilmittel genutzt wurde. Auch in der Klosterheilkunde hatte der Schlaf-Mohn einen festen Platz.

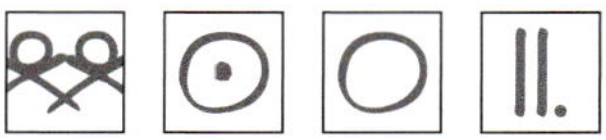

Paris quadrifolia
Vierblättrige Einbeere, Wolfsbeere

Herkunft: Europa, Kaukasusländer, Russland, Mittelasien.
Blatt: Grün bis hellgrün gefärbt; breit eiförmig; Blattende zugespitzt.
Blüte: Blüte aus lanzettlichen äußeren und schmalen inneren Hüllblättern, grün; V–VI.
Frucht: Beere, dunkelblau.
Wuchs: Staude; 0,2–0,3 m hoch.
Standort: Lichtschattiger Standort; frische bis feuchte, schwach saure bis schwach alkalische Böden mit hohem Nährstoffgehalt.
Vorkommen: Feuchtere Laubmischwälder.
Giftige Pflanzenteile: Die gesamte Pflanze ist giftig.
Vergiftungserscheinungen: Übelkeit, Erbrechen, Durchfälle und Schwindel.

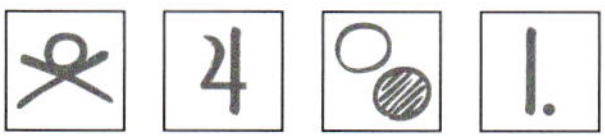

Passiflora caerulea
Blaue Passionsblume

Herkunft: Paraguay, Argentinien, Tropen.
Blatt: Grün gefärbt; tief gelappt; Blattende zugespitzt.
Blüte: Sternförmige Blüten, cremeweiß oder blau, Filamente mit weißem Streifen; VI–IX.
Frucht: Beere, eiförmig, gelb.
Wuchs: Zimmerpflanze/Kübelpflanze; 0,5–1,5 m hoch; am Naturstandort 4–6 m hoch.
Vorkommen: Bei uns als Zierpflanze.
Giftige Pflanzenteile: Die gesamte Pflanze ist giftig, mit Ausnahme der Früchte.
Vergiftungserscheinungen: Erbrechen, Schwindel und Krämpfe.

Petasites hybridus
Gewöhnliche Pestwurz

Herkunft: Europa, Amerika, NW-Asien.
Blatt: Grün gefärbt; eirund; Blattende stumpf.
Blüte: Kleine Röhrenblüten, purpurn, selten weiß, in Trauben stehend, Blüten erscheinen vor dem Laubaustrieb; zweihäusig; III–IV.
Frucht: Achänen.
Wuchs: Staude; 0,2–1,0 m hoch.
Standort: Absonnig bis halbschattig; sehr feuchte Böden mit hohem Nährstoffgehalt.
Vorkommen: Auwälder, Bachufer, Wiesen.
Giftige Pflanzenteile: Laub und Wurzel sind giftig.
Vergiftungserscheinungen: Bei hochdosierter Einnahme ist mit einer karzinogenen (krebserregenden) Wirkung zu rechnen.

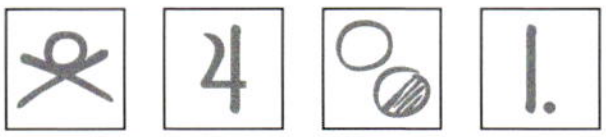

Physalis alkekengi var. franchetii
Lampionblume, Lampionpflanze

Herkunft: China, Korea, Japan.
Blatt: Grün gefärbt; eiförmig; Blattende zugespitzt.
Blüte: Blüten radförmig, grünlich weiß; VI–VII.
Frucht: Beere, rot, von einem aufgeblasenen, orangefarbenen Kelch umgeben.
Wuchs: Staude; 0,3–0,6 m hoch.
Vorkommen: Gärten, Wälder, trockenes Gebüsch.
Giftige Pflanzenteile: Die gesamte Pflanze ist schwach giftig mit Ausnahme der Beeren.
Vergiftungserscheinungen: Übelkeit, Erbrechen und kalte Schweißausbrüche. Oft wird bezweifelt, dass die Beeren immer ungiftig sind.

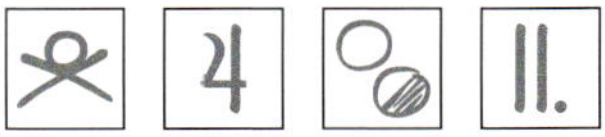

Phytolacca americana

Amerikanische Kermesbirne

Herkunft: Europa, N-Amerika, Afrika.
Blatt: Grün gefärbt; eiförmig bis lanzettlich.
Blüte: Blüten sternförmig, weißlich; in Trauben stehend; VI–IX.
Frucht: Flachkugelige Beere, dunkelpurpurn.
Wuchs: Staude; 1,0–3,0 m hoch.
Vorkommen: Gärten.
Giftige Pflanzenteile: Die gesamte Pflanze ist giftig, besonders Wurzeln und Samen.
Vergiftungserscheinungen: Bei kleinen Kindern kann schon der Genuss von wenigen Beeren zu Vergiftungserscheinungen wie Erbrechen, Durchfall, Schwindel und Krämpfen führen.

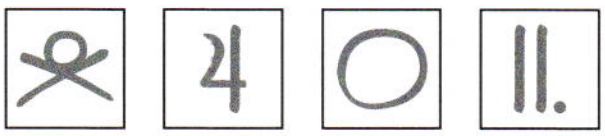

Pieris japonica

Japanische Lavendelheide, Hängendes Schattenglöckchen

Herkunft: Japan.
Blatt: Immergrün, eiförmig bis lanzettlich, zugespitzt.
Blüte: Eiförmige Blüte, weiß, Kelch außen fein behaart, in Rispen stehend; III–V.
Frucht: Kapsel, rundlich abgeflacht, graubraun.
Wuchs: Strauch; 2,0–3,0 m hoch; Durchmesser 2,0–3,0 m.
Vorkommen: Gärten, Parks.
Giftige Pflanzenteile: Die gesamte Pflanze ist giftig.
Vergiftungserscheinungen: Erbrechen, Krämpfe und Atemlähmung. Die Pflanze ist besonders für Tiere giftig.

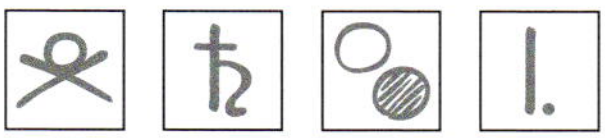

Polygonatum multiflorum
Vielblütiger Salomonssiegel

Herkunft: Europa, Türkei, Kaukasus, Himalaya, Japan.
Blatt: Grün gefärbt; lanzettlich bis eiförmig; Blattende zugespitzt.
Blüte: Blüten röhrig, weiß; V–VI.
Frucht: Beere, blauschwarz, bereift.
Wuchs: Staude; 0,8–1,0 m hoch.
Standort: Lichtschattiger bis schattiger Standort; frische, saure bis neutrale Böden mit normalem Nährstoffgehalt.
Vorkommen: Feuchte Wälder, feuchtes Gebüsch.
Giftige Pflanzenteile: Die gesamte Pflanze ist giftig, besonders die Samen.
Vergiftungserscheinungen: Übelkeit, Erbrechen und Durchfälle.

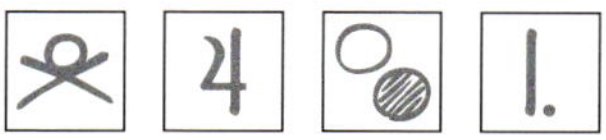

Polygonatum odoratum
Echtes Salomonssiegel, Wohlriechende Weißwurz

Herkunft: Europa, Asien, Marokko.
Blatt: Grün gefärbt; lanzettlich bis eiförmig; Blattende zugespitzt.
Blüte: Blüten röhrig, weiß, hängend, in den Blattachseln; V–VI.
Frucht: Beere, blauschwarz bereift.
Wuchs: Staude; 0,2–0,4 m hoch.
Standort: Trockene bis frische Böden mit geringem Nährstoffgehalt.
Vorkommen: Gebüsche, lichte Wälder.
Giftige Pflanzenteile: Die gesamte Pflanze ist giftig, besonders die Samen.
Vergiftungserscheinungen: Übelkeit, Erbrechen und Durchfälle.

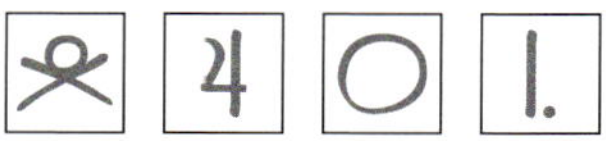

Polygonatum verticillatum
Quirlblättrige Weißwurz

Herkunft: Europa, Kaukasusländer, Himalaja, Türkei, Iran.
Blatt: Grün gefärbt; lanzettlich bis schmal eiförmig; Blattende zugespitzt.
Blüte: Blüten röhrig, grünlich weiß, Staubgefäße gelb, hängend in den Blattachseln; V–VI.
Frucht: Beere, blauschwarz.
Wuchs: Staude; 0,5–0,7 m hoch.
Vorkommen: Bergwiesen, Gebüsche, schattige Wälder.
Giftige Pflanzenteile: Die gesamte Pflanze ist giftig, besonders die Samen.
Vergiftungserscheinungen: Übelkeit, Erbrechen und Durchfälle.

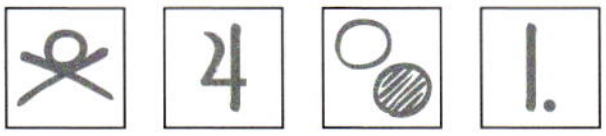

Primula obconica
Becher-Primel

Herkunft: China.
Blatt: Grün gefärbt; herzförmig.
Blüte: Einzelblüten stieltellerförmig, weiß, rosa, rot bis blau, in Dolden stehend; I–IV.
Frucht: Kapsel, 1-fächrig.
Wuchs: Zimmerpflanze; 0,2–0,3 m hoch.
Vorkommen: Bei uns als Zierpflanze.
Giftige Pflanzenteile: Die gesamte Pflanze ist giftig, besonders die Drüsenhaare.
Vergiftungserscheinungen: Die Pflanze wirkt allergieauslösend.

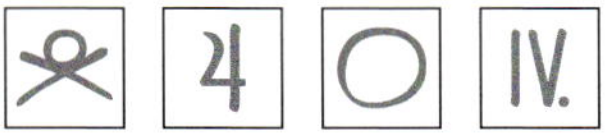

Prunus dulcis var. **amara**

Bitter-Mandel

Herkunft: Kaukasusländer, Mittelasien, Türkei, Iran, Afghanistan.

Blatt: Oberseite und Unterseite hellgrün gefärbt; elliptisch bis länglich lanzettlich; Blattende lang zugespitzt.

Blüte: Flach schalenförmige Blüten, 5-zählig, weiß bis blassrosa, meist zu 2, fast sitzend, erscheinen vor den Blättern; III–IV.

Frucht: Eiförmig-längliche Steinfrüchte, grünlich, samtig behaart.

Wuchs: Gehölz; 5–10 m hoch; Durchmesser 4–6 m.

Standort: Sonniger Standort; frische bis feuchte, schwach saure bis schwach alkalische Böden mit geringem bis normalem Nährstoffgehalt.

Vorkommen: Kulturpflanze.

Giftige Pflanzenteile: Der Samen ist stark giftig.

Vergiftungserscheinungen: Der Genuss von bitteren Mandeln kann zu Durchfällen führen, größerer Mengen bitterer Mandeln können schwere Vergiftungen hervorrufen.

Die Mandel wurde im Nahen Osten und in Griechenland bereits in der Steinzeit verbreitet. Sie ist möglicherweise das älteste Kulturobst der Alten Welt. Der Mandelbaum ist Pflanze der griechischen Mythologie und wurde auch in der Bibel mehrfach erwähnt. Die Römer haben die Mandelkultur sehr früh von den Griechen übernommen. Bei uns wurde die Pflanze erstmals im *Capitulare de villis* beschrieben. Zum Genuss werden überwiegend „süße“ Mandelsorten verwendet, die nur wenig Giftstoffe enthalten.

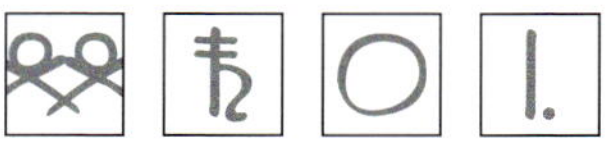

Prunus serotina
Späte Traubenkirsche, Deutscher Lorbeer

Herkunft: Europa, Kanada, USA, Mexiko, Zentralamerika.
Blatt: Elliptisch, ledrig, glänzend dunkelgrün, zugespitzt.
Blüte: Einzelblüten, klein, radförmig, weiß, in Trauben stehend; V–VI.
Frucht: Rundliche Steinfrucht; schwarz.
Wuchs: Gehölz; 10–20 m hoch; Durchmesser 6–10 m.
Vorkommen: Gärten.
Giftige Pflanzenteile: Die gesamte Pflanze ist giftig, besonders Samen und Rinde.
Vergiftungserscheinungen: Erregung, Rötung des Gesichts, verstärkte Atmung, Kratzen in Mund und Rachen und Kopfschmerzen.

Prunus spinosa
Gewöhnliche Schlehe, Schlehe

Herkunft: Europa, Kaukasusländer, Amerika, Russland, Türkei, Iran, Algerien.
Blatt: Dunkelgrün gefärbt; verkehrt eiförmig bis elliptisch; Blattende stumpf.
Blüte: Weiß, meist einzeln, erscheinen vor dem Laub; IV–V.
Frucht: Steinfrucht, kugelig bis eiförmig, schwarzblau bereift.
Wuchs: Strauch; 2,0–4,0 m hoch; Durchmesser 3–5 m.
Vorkommen: Gebüsche, Waldränder.
Giftige Pflanzenteile: Der Samen ist giftig.
Vergiftungserscheinungen: Erregung, Rötung des Gesichts, verstärkte Atmung, Kratzen in Mund und Rachen und Kopfschmerzen.

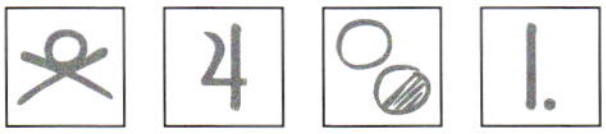

Pulsatilla vulgaris
Gewöhnliche Küchenschelle,
Echte Kuhschelle

Herkunft: Europa.
Blatt: Grün gefärbt; fiederschnittig zugespitzt.
Blüte: Blüten glockenförmig, violett bis weiß, außen dicht weich behaart; III–IV.
Frucht: Nüsschen.
Wuchs: Staude; 0,2–0,4 m hoch.
Vorkommen: Trockenrasen, lichte Kiefernwälder.
Giftige Pflanzenteile: Die gesamte Pflanze ist giftig.
Vergiftungserscheinungen: Erregung und Lähmung des Zentralnervensystems sowie Übelkeit und Benommenheit.

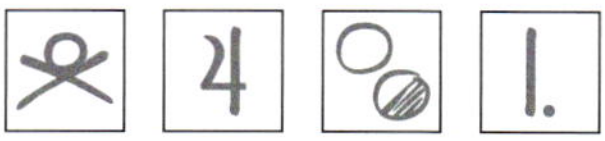

Punica granatum
Granatapfelbaum, Granatapfel

Herkunft: S-Europa, Mittelasien.
Blatt: Hellgrün gefärbt; eiförmig bis länglich lanzettlich; Blattende zugespitzt.
Blüte: Trichterförmig, orangerot; V–VI.
Frucht: Samen mit Perikarp (fleischige Samenschale), rundlich, rotgelb, später braun.
Wuchs: Kübelpflanze/Staude; 1,5–2,0 m hoch; am Naturstandort 2–5 m hoch.
Vorkommen: Bei uns als Zierpflanze.
Giftige Pflanzenteile: Die gesamte Pflanze ist giftig mit Ausnahme des Fruchtmarks.
Vergiftungserscheinungen: Magen-Darm-Störungen, Magenschleimhautblutungen, Sehschwäche, Schwindel, Schweißausbrüche, Muskelsteifigkeit und Krämpfe.

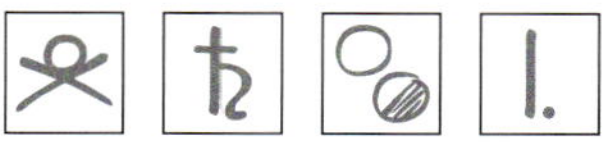

Ranunculus acris
Scharfer Hahnenfuß

Herkunft: Europa, Kaukasusländer, Amerika, Russland, Mittelasien.
Blatt: Grün gefärbt; 5- bis 7-teilig.
Blüte: Schalenförmige Einzelblüten, gelb; V–IX.
Frucht: Nüsschen.
Wuchs: Staude; 0,6–0,8 m hoch.
Vorkommen: Weiden, Wiesen.
Giftige Pflanzenteile: Die gesamte Pflanze ist giftig, besonders die Wurzel.
Vergiftungserscheinungen: Übelkeit, Magenschmerzen, Brennen im Mund, Durchfälle, Schwindel und Abnahme der Herzleistung.
Warnungen: Bei Berührung des frischen Krautes können Hautreizungen, Schwellungen und Blasen auftreten.

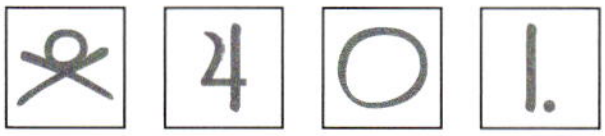

Ranunculus bulbosus
Knolliger Hahnenfuß

Herkunft: Europa, Mittelasien, Amerika, N-Afrika.
Blatt: Grün gefärbt; 3-teilig.
Blüte: Schalenförmige Einzelblüten, goldgelb; IV–VIII.
Frucht: Nüsschen.
Wuchs: Staude; 0,3–0,5 m hoch.
Vorkommen: Wegränder, Wiesen.
Giftige Pflanzenteile: Die gesamte Pflanze ist giftig, besonders die Wurzel.
Vergiftungserscheinungen: Übelkeit, Magenschmerzen, Brennen im Mund, Durchfälle, Schwindel und Abnahme der Herzleistung.
Warnungen: Bei Berührung des frischen Krautes können Hautreizungen, Schwellungen und Blasen auftreten.

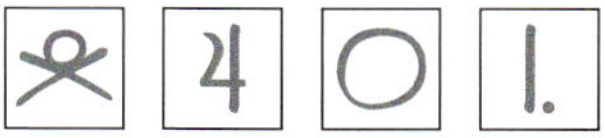

Rhododendron ferrugineum

Alpenrose, Echte Alpenrose

Herkunft: Mitteleuropa, Frankreich, Spanien, Italien, Slowenien, Kroatien, Pyrenäen.
Blatt: Oberseite dunkelgrün, Unterseite rostbraun gefärbt; eiförmig bis schmal elliptisch; Blattende zugespitzt.
Blüte: Krone schmal röhrenförmig, purpurrosa; IV–V.
Frucht: Langgestreckte, 5-teilige Kapsel; verholzend.
Wuchs: Strauch; 0,8–1,0 m hoch.
Standort: Sonniger bis absonniger Standort; frische bis feuchte, stark saure bis schwach saure Böden mit sehr geringem bis geringem Nährstoffgehalt.
Vorkommen: Gebüsche.
Giftige Pflanzenteile: Das Laub ist stark giftig.
Vergiftungserscheinungen: Durchfall, Erbrechen, Haut- und Schleimhautreizungen.
Warnungen: Von der Verwendung der Droge ist wegen möglicher Risiken abzuraten.

Getrocknete Blätter der Alpenrose wurde von der Volksheilkunde als harn- und schweißtreibendes Mittel angewendet. Davon ist heute wegen möglicher Gesundheitsrisiken abzuraten. *Rhododendron ferrugineum* wird heute ausschließlich als homöopathisches Arzneimittel verwendet.

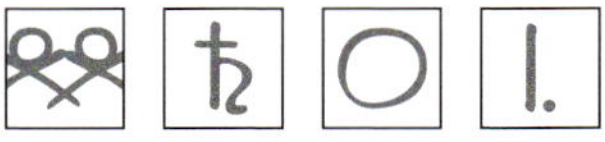

Ricinus communis

Wunderbaum, Palma Christi

Herkunft: Tropen, Subtropen.
Blatt: Braunrot bis grün gefärbt; handförmig, tief gebuchtet; Blattende zugespitzt.
Blüte: Männl. Blüten mit 5-teiliger, rötl. Blütenhülle, Staubblätter verzweigt, gelblich weiß, in Rispen; darüber weibl. Blüten, rot, gestielt, in Büscheln; einhäusig; VIII–X.
Frucht: Kapseln, fleischig gestachelt, dunkelrot, mit je 3 ovalen, marmorierten Samen.
Wuchs: Einjährig; 1,0–3,0 m hoch.
Standort: Sonniger Standort; frische, schwach saure bis schwach alkalische Böden mit hohem bis sehr hohem Nährstoffgehalt.
Vorkommen: Bei uns als Zierpflanze.
Giftige Pflanzenteile: Der Samen ist sehr stark giftig.
Vergiftungserscheinungen: Übelkeit, blutiges Erbrechen, blutiger Durchfall, Nierenentzündungen, Leberschaden und Kreislaufkollaps.
Warnungen: Für Kinder gelten 3–6 Samen als tödliche Dosis. Die giftige Wirkung beruht auf dem Inhaltsstoff Ricin.

Bereits 4000 v. Chr. gelangte die Rizinuspflanze nach Ägypten, wo sie später in Kulturen angebaut wurde. Das Öl wurde als Lampenöl zur Beleuchtung der Tempel verwendet und war auch damals schon als Mittel gegen Verstopfung bekannt. Heute ist das Öl als Hilfsstoff in Salben und kosmetischen Präparaten enthalten und wird auch in der Farben- und Lackindustrie verarbeitet.

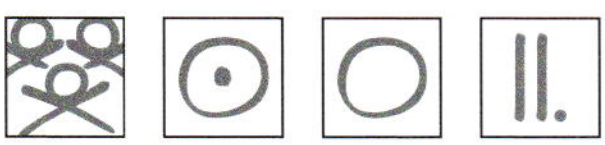

Robinia pseudoacacia

Robinie, Falsche Akazie

Herkunft: Europa, USA, südliche Präriestaaten.

Blatt: Oberseite grün, Unterseite graugrün gefärbt; unpaarig gefiedert mit 9 bis 19 Blättchen; Blattende abgerundet, mit Stachelspitze.

Blüte: Schmetterlingsförmige Einzelblüten, weiß, mit gelbem Fleck am Grund der Fahne; in Trauben; stark duftend; V–VI.

Frucht: Stark abgeflachte Hülse.

Wuchs: Gehölz; 20–25 m hoch; Durchmesser 10–15 m.

Standort: Sonniger bis absonniger Standort; trockene bis frische, schwach saure bis alkalische Böden mit normalem bis sehr hohem Nährstoffgehalt.

Vorkommen: Dämme, Hänge, Raine.

Giftige Pflanzenteile: Die gesamte Pflanze ist stark giftig.

Vergiftungserscheinungen: Bei Vergiftung mit Robiniensamen ist mit Übelkeit und Erbrechen, mit Bauchschmerzen, Blässe, Schwindel, erhöhter Temperatur und Sehstörungen zu rechnen. Der Gehalt an giftigen Inhaltsstoffen kann stark schwanken.

Warnungen: Robinienrinde ist für Pferde giftig.

Im Jahr 1601 wurde die Robinie bei uns eingeführt und zunächst als Zierstrauch verwendet. Später wurde der schnell wachsende Baum als Bodenverbesserer und auch als Bienenweide angepflanzt. Das harte Holz wird heute gern als Alternative zum Tropenholz zur Herstellung von wetterfesten Gartenmöbeln verwendet. Die Rinde junger Zweige wird zum homöopathischen Arzneimittel *Robinia pseudoacacia* verarbeitet.

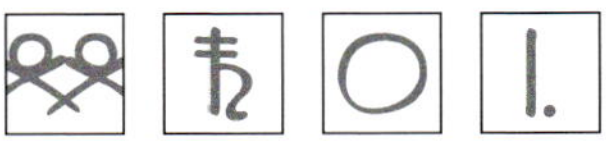

Ruta graveolens
Wein-Raute

Herkunft: S-Europa.
Blatt: Blaugrau gefärbt; 2- bis 3-fach gefiedert.
Blüte: Grünlich gelb; VI–IX.
Frucht: Vielsamige Kapsel.
Wuchs: Halbstrauch/Staude; 0,4–0,6 m hoch.
Vorkommen: Gärten.
Giftige Pflanzenteile: Die gesamte Pflanze ist giftig.
Vergiftungserscheinungen: Der Genuss von frischen Blättern erzeugt Anschwellen der Zunge, Speichelfluss und Durchfall. Der frische Blättersaft reizt die Magenschleimhaut.
Warnungen: Die Pflanze wirkt fototoxisch.

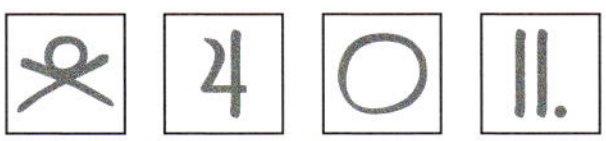

Sambucus ebulus
Zwerg-Holunder, Attich

Herkunft: Europa, Türkei, Syrien, Levante, Irak, Iran.
Blatt: Grün gefärbt; länglich; Blattende lang zugespitzt.
Blüte: Einzelblüten weiß; in Trugdolden; VI–VIII.
Frucht: Schwarze Beere.
Wuchs: Staude; 0,6–1,5 m hoch.
Vorkommen: Lichtungen, Waldränder.
Giftige Pflanzenteile: Die gesamte Pflanze ist giftig, besonders die Samen.
Vergiftungserscheinungen: Übelkeit, Erbrechen, Kratzen im Hals, Schwindel, Kopfschmerzen, Ohrensausen, Pupillenerweiterung, blutiger Durchfall, Sehstörungen und Herzbeschwerden.

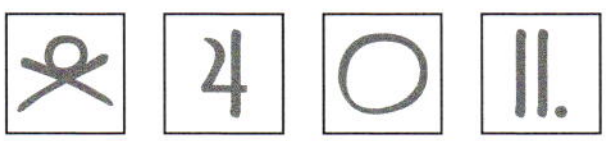

Sansevieria trifasciata

Bogenhanf

Herkunft: Indien, Inseln des Indischen Ozeans, Tropen.
Blatt: Dunkelgrün gefärbt; schwertförmig; Blattende stachelspitzig oder kurz zugespitzt.
Blüte: Einzelblüten in Trauben; weiß; III–V.
Wuchs: Zimmerpflanze; 0,2–1,0 m hoch.
Standort: Kübelpflanzenerde.
Vorkommen: Bei uns als Zierpflanze.
Giftige Pflanzenteile: Die gesamte Pflanze ist giftig.
Vergiftungserscheinungen: Übelkeit, Erbrechen und Blutzersetzung.

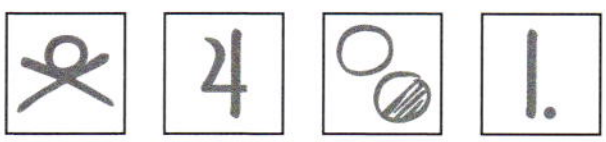

Scilla bifolia

Zweiblättriger Blaustern

Herkunft: Europa, Kaukasusländer, Türkei, Syrien.
Blatt: Grün gefärbt; breit linealisch.
Blüte: Glockenförmige bis krugförmige Einzelblüten, blau; III–IV.
Frucht: 3-kantige Kapsel.
Wuchs: Zwiebel; 0,10–0,15 m hoch.
Standort: Absonniger bis halbschattiger Standort; frische bis sehr feuchte Böden mit normalem bis hohem Nährstoffgehalt.
Vorkommen: Auwälder, Gärten.
Giftige Pflanzenteile: Die gesamte Pflanze ist giftig, besonders Zwiebeln und Samen.
Warnungen: Der Pflanzensaft kann Hautreizungen hervorrufen.

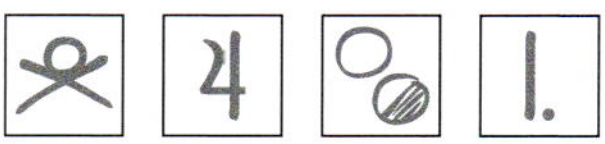

Scopolia carniolica
Krainer Tollkraut

Herkunft: Österreich, Mitteleuropa, Italien, Slowenien, Kroatien, Skandinavien, Zentraleuropa.

Blatt: Grün gefärbt; verkehrt schmal eiförmig bis verkehrt eiförmig; Blattende zugespitzt.

Blüte: Röhrige-glockige Einzelblüte, braunviolett; IV–V.

Frucht: Beere.

Wuchs: Staude; 0,3–0,6 m hoch.

Standort: Halbschattiger bis lichtschattiger Standort; trockene bis feuchte, schwach saure bis schwach alkalische Böden mit normalem Nährstoffgehalt.

Vorkommen: Laubwälder.

Giftige Pflanzenteile: Die gesamte Pflanze ist sehr stark giftig, besonders die Wurzel.

Vergiftungserscheinungen: Innerhalb von 15 Minuten stellen sich folgende Vergiftungserscheinungen ein: Rötung des Gesichts, Trockenheit der Schleimhäute, Pulsbeschleunigung, Pupillenerweiterung, Unruhe, Halluzinationen, Tobsuchtsanfälle, Tod durch Atemlähmung. Vor einer Selbstanwendung des Tollkrautes muss ausdrücklich gewarnt werden.

Warnungen: Die Giftaufnahme ist auch durch die Haut möglich.

Tollkraut ist eine alte Heilpflanze. Ihre Droge wird allerdings wegen ihrer starken Giftigkeit heute nicht mehr angewendet. Sie dient zur Gewinnung von Hyoscyamin bzw. Atropin. Extrakte des Tollkrautes sind heute Bestandteil von Fertigpräparaten gegen krampfartige Beschwerden im Magen-Darm-Bereich, der Gallen- und der ableitenden Harnwege.

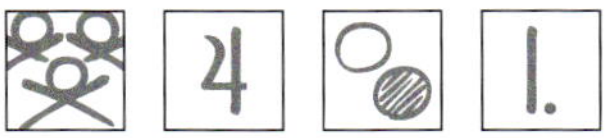

Sedum acre
Scharfer Mauerpfeffer

Herkunft: Amerika.
Blatt: Dunkelgrün gefärbt; eiförmig; Blattende abgerundet.
Blüte: Sternförmige Einzelblüte, gelb; VI–VII.
Frucht: Balgfrucht.
Wuchs: Staude; 0,05–0,10 m hoch.
Standort: Sonniger Standort; sehr trockene Böden mit sehr geringem Nährstoffgehalt.
Vorkommen: Felsen, Mauern.
Giftige Pflanzenteile: Die gesamte Pflanze ist giftig.
Vergiftungserscheinungen: Reizungen im Mund und Erbrechen. Später folgen Krämpfe, Betäubung und Lähmungen.

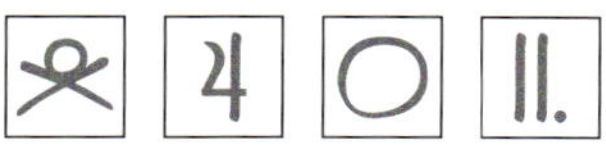

Selenicereus grandiflorus
Königin der Nacht

Herkunft: Honduras, Mexikon.
Blüte: Schalenförmige Einzelblüte, weiß, in der Mitte hellgelb, außen braungelb; X–XI; VI–VII.
Frucht: Stachelige Beere.
Wuchs: Zimmerpflanze; 0,5–1,0 m hoch.
Vorkommen: Bei uns als Zierpflanze.
Giftige Pflanzenteile: Die gesamte Pflanze ist giftig, besonders der Saft.
Vergiftungserscheinungen: Der Saft ruft Brennen im Mund, Übelkeit, Erbrechen, Durchfall und bei höherer Dosis Herzrhythmusstörungen hervor.
Warnungen: Der Saft löst auf der Haut Juckreiz aus.

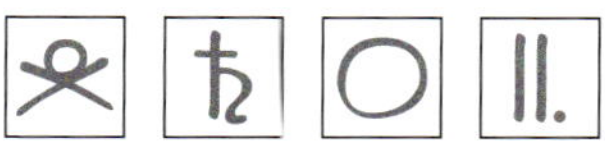

Senecio jacobaea
Jakobs-Greiskraut

Herkunft: Europa, Kaukasusländer, Russland, Mittelasien, Türkei, Marokko.
Blatt: Grün gefärbt; fiederteilig.
Blüte: Körbchenartige Einzelblüten; gelb; VI–XI.
Frucht: Achäne.
Wuchs: Staude; 0,3–1,0 m hoch.
Vorkommen: Hänge, Wegränder, Wiesen.
Giftige Pflanzenteile: Die gesamte Pflanze ist giftig.
Vergiftungserscheinungen: Vergiftungen sind nur bei Tieren bekannt.
Warnungen: Das Berühren der Pflanze kann Kontaktallergien auslösen.

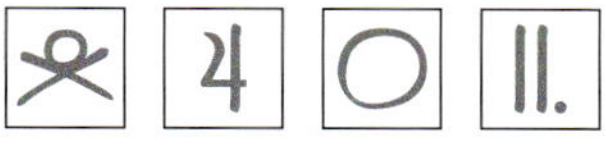

Sium latifolium
Großer Merk

Herkunft: Europa, Kaukasusländer, Russland, Mittelasien, Irak, Australien.
Blatt: Grün gefärbt; länglich bis eiförmig.
Blüte: Sternförmige Einzelblüte, weiß; in Dolden; VI–IX.
Frucht: Spaltfrucht.
Wuchs: Staude; 0,4–0,6 m hoch.
Standort: Absonniger Standort; trockene bis feuchte, schwach saure bis schwach alkalische Böden mit hohem Nährstoffgehalt; auch als Wasserpflanze zu finden.
Vorkommen: Gewässer, Sümpfe, Tümpel.
Giftige Pflanzenteile: Wurzel und Frucht sind giftig.
Vergiftungserscheinungen: Erbrechen mit Durchfall, Schwindel, Muskellähmungen.

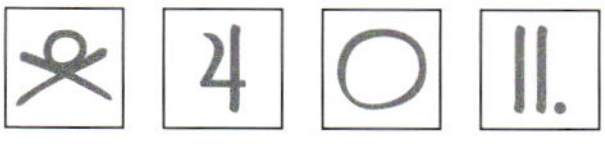

Solanum dulcamara

Bittersüßer Nachtschatten, Bittersüß

Herkunft: Europa, Kaukasusländer, Mittelasien, Türkei, Afrika.

Blatt: Oberseite dunkelgrün, Unterseite hellgrün gefärbt; eiförmig; Blattende zugespitzt.

Blüte: Sternartig, 5-teilig, violett, Kronblätter mit jeweils 2 grünen Basisflecken, Antheren goldgelb; VII–IX.

Frucht: Eiförmige Beere; rot.

Wuchs: Staude; 2,0–2,5 m hoch.

Standort: Absonniger bis halbschattiger Standort; trockene bis frische, schwach saure bis schwach alkalische Böden mit sehr geringem bis normalem Nährstoffgehalt.

Vorkommen: Auwälder, feuchtes Gebüsch.

Giftige Pflanzenteile: Die gesamte Pflanze ist stark giftig.

Vergiftungserscheinungen: Übelkeit, Erbrechen, Pupillenerweiterung, Zungenlähmung, Augenflimmern, Pulsbeschleunigung, Krämpfe und zuletzt Atemlähmung.

Warnungen: 30 bis 40 Beeren gelten bei Kindern als tödlich.

Bittersüßer Nachtschatten wird seit alters bei rheumatischen Beschwerden, chronischer Bronchitis und bei Hautleiden genutzt. Die ersten Berichte über eine heilkundliche Anwendung der Pflanze stammen aus der Mitte des 16. Jahrhunderts. Heute ist ihr Extrakt Bestandteil von Präparaten zur unterstützenden Therapie von chronischen Hautleiden. *Dulcamara* ist ein häufig verwendetes homöopathisches Arzneimittel.

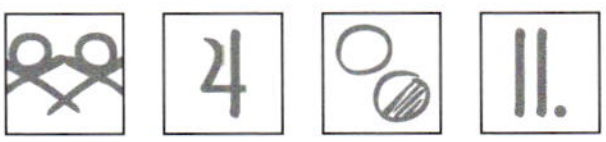

Sophora japonica

Japanischer Schnurbaum, Japanische Sophore

Herkunft: China, Korea.

Blatt: Oberseite dunkelgrün bis grün, Unterseite blaugrün gefärbt; unpaarig gefiedert mit 7 bis 17 Blättchen; Blattende abgerundet bis spitz.

Blüte: Schmetterlingsförmige Einzelblüten, gelblich weiß, in Rispen stehend; VII–VIII.

Frucht: Hülsen, kahl, fleischig, rundwandig, 1- bis 6-samig, Samen schwarz.

Wuchs: Gehölz; 15–20 m hoch; Durchmesser 10–15 m.

Standort: Sonniger bis absonniger Standort; sehr trockene bis frische, schwach saure bis stark alkalische Böden mit geringem bis normalem Nährstoffgehalt.

Vorkommen: Parks.

Giftige Pflanzenteile: Samen, Rinde und Frucht sind stark giftig.

Vergiftungserscheinungen: Die größte Gefahr geht von den unreifen Früchten aus. Symptome nach dem Verzehr sind Übelkeit, Erbrechen, krampfartige Magenschmerzen und Durchfall. Darüber hinaus kann es zu Lähmungserscheinungen, zur Verminderung der roten Blutkörperchen und zur Senkung des Blutzuckerspiegels kommen. Bei Aufnahme von großen Mengen des Giftes ist auch der Tod nicht ausgeschlossen.

Im Jahre 1747 wurde der Japanische Schnurbaum in Europa eingeführt und wächst bei uns als Zierbaum an Alleen und in Parkanlagen. Schnurbaumknospen werden zur industriellen Gewinnung von Rutin, einem Bestandteil von Arzneimitteln gegen Venenerkrankungen, verwendet.

Spathiphyllum wallisii
Zwerg-Scheidenblatt, Panama-Blattfahne

Herkunft: Venezuela.
Blatt: Glänzend grün gefärbt; lanzettlich; Blattende zugespitzt.
Blüte: Weiße Spatha; Blütenkolben grünlich bis gelblich cremefarben; V–VIII.
Frucht: Beere.
Wuchs: Zimmerpflanze/Staude; 0,3–0,4 m hoch.
Standort: Topfpflanzensubstrat.
Vorkommen: Bei uns als Zierpflanze.
Giftige Pflanzenteile: Die gesamte Pflanze ist giftig.
Vergiftungserscheinungen: Brennen auf der Zunge mit großem Durstgefühl, Krämpfe, Entzündungen und Herzrhythmusstörungen.

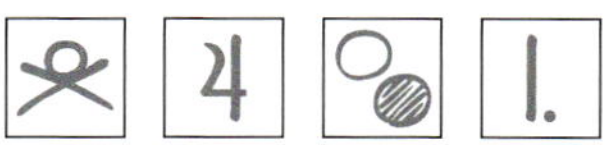

Symphoricarpos albus var. albus
Gewöhnliche Schneebeere, Knallerbsenstrauch

Herkunft: Alaska, Kanada, USA.
Blatt: Oberseite dunkelgrün, Unterseite hellgrün gefärbt; rundlich bis elliptisch; Blattende abgerundet.
Blüte: Glockige Einzelblüte, rosaweiß; in Ähren; VI–IX.
Frucht: Kugelige bis eiförmige Steinfrucht, beerenartig; weiß.
Wuchs: Strauch; 0,8–1,0 m hoch.
Vorkommen: Gärten, Parks.
Giftige Pflanzenteile: Die Frucht ist giftig.
Vergiftungserscheinungen: Übelkeit und Durchfall. Der Saft der Früchte wirkt auch hautreizend.

Taxus baccata

Europäische Eibe, Gemeine Eibe

Herkunft: Europa, Kaukasusländer, Afrika.
Blatt: Nadelförmig; Oberseite dunkelgrün, Unterseite blassgrün gefärbt.
Blüte: Weibliche Blüte grünlich, männliche Blüte gelblich; III–IV; Blüte unscheinbar; zweihäusig.
Frucht: Breit elliptische Samen mit Arillus; karminrot.
Wuchs: Gehölz; 10–20 m hoch; Durchmesser 8–12 m.
Standort: Sonniger bis schattiger Standort; trockene bis feuchte, schwach saure bis alkalische Böden mit geringem bis hohem Nährstoffgehalt.
Vorkommen: Gärten, Laubwälder, Parks.
Giftige Pflanzenteile: Die gesamte Pflanze ist stark giftig, ausgenommen der Samenmantel.
Vergiftungserscheinungen: Erbrechen, heftige Bauchschmerzen, schmerzhafte Koliken und Durchfälle; zunächst beschleunigter, später verlangsamter Puls (und Atmung), Schwindel, Abnahme der Herzleistung und zum Schluss der Tod durch Kreislauf- und Atemlähmung.
Warnungen: Spätwirkungen sind Leberversagen und Störungen der Blutgerinnung.

Der vielleicht langlebigste Baum der Welt wird seit langem mit Magie, Tod und Wiedergeburt in Verbindung gebracht. In Großbritannien findet man in alten Kirchhöfen uralte Eiben, die dort schon lange vor dem Bau der Kirchen standen. Die Volksheilkunde verwendete Eibenzubereitungen bei Wurmbefall, als Herzmittel oder zur Förderung der Menstruation. Schwere Vergiftungen waren dabei nicht auszuschließen.

Thuja occidentalis

Abendländischer Lebensbaum,
Chinesische Thuja

Herkunft: Kanada, USA.

Blatt: Schuppenförmig; Oberseite dunkelgrün, Unterseite gelbgrün gefärbt.

Blüte: Endständig, männl. Blüten fast kugelig, gelblich, zahlreich; weibliche Blüten klein, bräunlich gelb, mit 4–6 Schuppenpaaren; Blüte unscheinbar; einhäusig; IV–V.

Frucht: Zapfen, länglich-elliptisch, hellbraun.

Wuchs: Gehölz; 15–20 m hoch; Durchmesser 3–6 m.

Standort: Sonniger bis halbschattiger Standort; frische bis sehr feuchte, saure bis alkalische Böden mit normalem bis hohem Nährstoffgehalt.

Vorkommen: Gärten, Parks.

Giftige Pflanzenteile: Die gesamte Pflanze ist sehr stark giftig, besonders die Zweigspitzen.

Vergiftungserscheinungen: Übelkeit, Blutungen, Krämpfe, erhöhter Blutdruck, Durchfall, erhöhter Puls, erhöhte Temperatur und Stoffwechselstörungen, zuletzt Lähmungen des Zentralnervensystems.

Warnungen: Der Tee darf wegen der Giftigkeit der Pflanze nicht angewendet werden.

Lebensbaum wird bei uns als Zierstrauch in Parkanlagen, Gärten und auf Friedhöfen angepflanzt. Sein Tee wurde früher als wassertreibendes Mittel und in hoher Dosis zu Abtreibungszwecken verwendet. Der Missbrauch der Droge zu Abtreibungszwecken führte nicht selten zum Tod. Heute ist das ätherische Öl gelegentlich Bestandteil von Einreibungen gegen Rheuma und Erkältungskrankheiten.

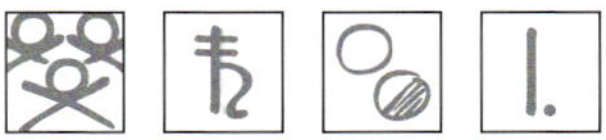

Trillium erectum

Braunrote Dreizipfellilie

Herkunft: Kanada, USA.
Blatt: Blaugrün gefärbt; lanzettlich bis eiförmig.
Blüte: Lilienartige Einzelblüte, gelblich grün, manchmal purpurn überlaufen; IV–V.
Frucht: Kapsel.
Wuchs: Staude; 0,10–0,20 m hoch.
Standort: Halbschattiger bis schattiger Standort; frische, saure bis schwach saure Böden mit hohem Nährstoffgehalt.
Vorkommen: Gärten.
Giftige Pflanzenteile: Die Wurzel ist giftig.
Vergiftungserscheinungen: Brechreiz.
Warnungen: Die Wurzel wirkt menstruations- und wehenfördernd.

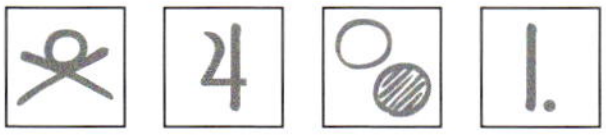

Trollius europaeus

Europäische Trollblume

Herkunft: Europa, Russland.
Blatt: Grün gefärbt; handförmig geteilt bis 5- bis 7-teilig; Blattende zugespitzt.
Blüte: Kugelige Einzelblüte, hellgelb; V–VI.
Frucht: Balgfrucht.
Wuchs: Staude; 0,6–0,8 m hoch.
Vorkommen: Feuchte Wiesen.
Giftige Pflanzenteile: Die gesamte Pflanze ist giftig, besonders die Wurzel.
Vergiftungserscheinungen: Übelkeit, Magenschmerzen, Brennen im Mund, Durchfälle, Schwindel und Abnahme der Herzleistung.
Warnungen: Bei Berührung des frischen Krautes können Hautreizungen, Schwellungen und Blasen auftreten.

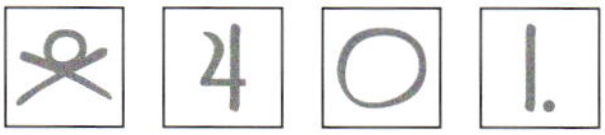

Tulipa-Darwin-Hybriden-Gruppe
Tulpe

Blatt: Graugrün gefärbt; lanzettlich; Blattende zugespitzt.
Blüte: Glockenförmige Einzelblüte, verschiedenste Farbtöne; IV–V.
Frucht: Kapsel.
Wuchs: Zwiebel/Schnittblume; 0,3–0,5 m hoch.
Standort: Sonniger Standort; frische, schwach saure bis schwach alkalische Böden mit normalem Nährstoffgehalt.
Vorkommen: Gärten.
Giftige Pflanzenteile: Die gesamte Pflanze ist giftig.
Vergiftungserscheinungen: Der Pflanzensaft kann bei häufigem Berühren eine Tulpenzwiebel-Dermatitis auslösen.

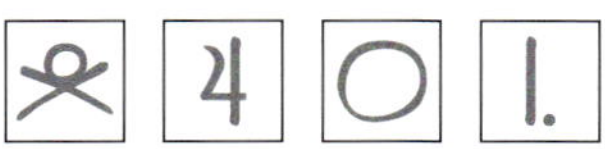

Tussilago farfara
Huflattich

Herkunft: Europa, Mittelasien, Türkei, Marokko, Algerien.
Blatt: Dunkelgrün gefärbt; kreisrund bis herzförmig; Blattende zugespitzt.
Blüte: Körbchenartiger Blütenstand, gelb; III–IV.
Frucht: Achänen mit Pappus.
Wuchs: Staude; 0,1–0,3 m hoch.
Vorkommen: Böschungen, Schuttflächen, Unkrautgesellschaften, Ödland.
Giftige Pflanzenteile: Die gesamte Pflanze ist giftig.
Vergiftungserscheinungen: Nicht dokumentiert. Pyrrolizidinalkaloide wirken leberschädigend und krebserregend.

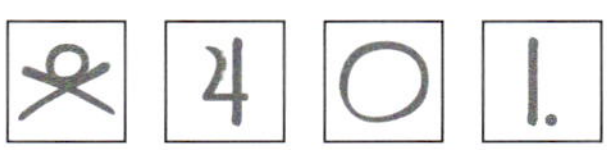

Ulex europaeus

Gewöhnlicher Stechginster, Gaspeldorn

Herkunft: Mitteleuropa, Britische Inseln, Frankreich und Benelux-Staaten, Iberische Halbinsel, Italien, Skandinavien, USA.

Blatt: Grün gefärbt; pfriemlich.

Blüte: Schmetterlingsförmige Einzelblüte, goldgelb; V–VI.

Frucht: Filzig behaarte Hülse; schwarzbraun.

Wuchs: Gehölz; 1,0–1,5 m hoch; Durchmesser 0,8–1,0 m.

Standort: Sonniger Standort; trockene bis frische, saure bis neutrale Böden mit normalem Nährstoffgehalt.

Vorkommen: Eichenwälder, Föhrenwälder, Gärten, Heiden, Zwergstrauchheide.

Giftige Pflanzenteile: Die Frucht ist stark giftig.

Vergiftungserscheinungen: Brennen in Mund und Rachen. Speichelfluss, Übelkeit, Schweißausbrüche. Später teilweise blutiges Erbrechen, Durchfall, Schwindel, Krämpfe und Kollaps.

Ursprünglich kommt der Stechginster aus den atlantischen Regionen Europas und ist inzwischen weit auf der Erde verbreitet. Er wurde zu den 100 weltweit schlimmsten Eindringlingen (Neophyten) gewählt. Stechginster bildet undurchdringliche Dickichte, die als Hecke gepflanzt eine ideale natürliche Auslaufbegrenzung für Haustiere darstellen. Mit seinem hohen Anteil an leicht entzündlichen Ölen bildet er in trockenen Sommern allerdings ein hohes Brandrisiko.

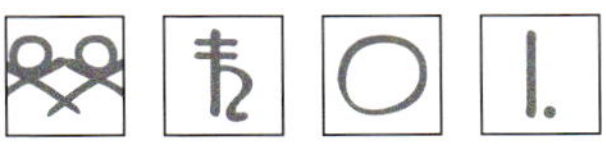

Urginea maritima
Weiße Meerzwiebel

Herkunft: Frankreich und Benelux-Staaten, Iberische Halbinsel, Italien, Balkanhalbinsel, S-Iran, Türkei, Afrika, Makaronesien.
Blatt: Graugrün gefärbt; lanzettlich; Blattende zugespitzt.
Blüte: Sternförmige Einzelblüten, 6-zählig, weiß mit grünem Mittelnerv, in Trauben zusammen stehend; VII–VIII.
Frucht: Kapseln.
Wuchs: Zwiebel-/Zimmerpflanze; 0,5–0,6 m hoch.
Vorkommen: Kulturpflanze.
Giftige Pflanzenteile: Die gesamte Pflanze ist stark giftig, besonders die Zwiebel.
Vergiftungserscheinungen: Verdauungsstörungen, Koliken und Durchfall. Der Tod erfolgt durch Herzlähmung.
Warnungen: Der Pflanzensaft wirkt blasenziehend auf der Haut.

Die Meerzwiebel gehörte bereits zum Arzneimittelschatz der Antike. Sie galt als auswurffördernd und wurde als Mittel zur Erhöhung der Harnausscheidung eingesetzt. Äußerlich angewendet galt sie als Mittel gegen Warzen, Frostbeulen und Brandwunden. Die Meerzwiebel ist seit alters Bestandteil von Ratten- und Mäusegift.

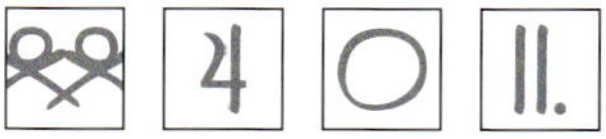

Veratrum album

Weißer Germer

Herkunft: Europa, Kaukasusländer, Russland, Mittelasien, Japan, Amur, Türkei.
Blatt: Grün gefärbt; elliptisch bis lanzettlich.
Blüte: Einzelblüten weiß bis grünlich; in Rispen; VI–VIII.
Frucht: Kapsel.
Wuchs: Staude; 0,5–1,5 m hoch.
Standort: Sonniger Standort; feuchte, schwach alkalische bis alkalische Böden mit normalem bis hohem Nährstoffgehalt.
Vorkommen: Flachmoore, Staudenfluren, Weiden.
Giftige Pflanzenteile: Die gesamte Pflanze ist stark giftig.
Vergiftungserscheinungen: Erste Vergiftungserscheinungen sind Blutdruckabfall und Verlangsamung der Herzfrequenz. Bereits 1–2 g der Wurzel führen zum Tod durch Kreislauf- oder Atemlähmung.

In der Antike verwendete man den Germer oft als Mordgift. Mit seinem Gift wurden auch Pfeile präpariert. Die Ärzte des Altertums wussten um seine Wirkung als Brech- und Niesmittel. Der Weiße Germer wurde auch zur Bekämpfung von Ungeziefer verwendet. Heute werden in der Regel homöopathische Zubereitungen dieser stark giftigen Pflanze angewendet.

Viburnum lantana

Wolliger Schneeball

Herkunft: Europa, Skandinavien, Türkei, Iran, Marokko, Algerien.
Blatt: Stumpfgrün gefärbt; eiförmig.
Blüte: Einzelblüten weiß; in Trugdolden; stark riechend; V–VI.
Frucht: Steinfrucht; glänzend schwarzblau.
Wuchs: Strauch; 3,0–4,0 m hoch; Durchmesser 2,0–4,0 m.
Vorkommen: Hänge, Waldränder.
Giftige Pflanzenteile: Laub und Rinde.
Vergiftungserscheinungen: Übelkeit, Erbrechen, Bewusstseinseintrübungen, Erregung, Herzrhythmusstörungen, Atemnot, Nierenschädigung (Blut im Urin) und Entzündungen der Verdauungsorgane. Die Frucht ist nur in größeren Mengen schwach giftig.

Viburnum opulus

Gewöhnlicher Schneeball, Gemeiner Schneeball

Herkunft: Europa, Kaukasusländer, Russland, Mittelasien, Türkei.
Blatt: Dunkelgrün, handförmig gelappt.
Blüte: Einzelblüten weiß; in Trugdolden; V–VI.
Frucht: Kugelige Steinfrucht; leuchtend rot.
Wuchs: Strauch; 3,0–4,0 m hoch; Durchmesser 2,0–4,0 m.
Vorkommen: Auwälder, Gebüsche und Waldränder.
Giftige Pflanzenteile: Laub und Rinde sind giftig.
Vergiftungserscheinungen: vergleiche *Viburnum lantana*. Die Frucht ist nur in größeren Mengen schwach giftig.

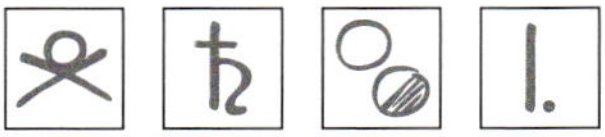

Vinca major

Großes Immergrün, Großblättriges Immergrün

Herkunft: Frankreich, Spanien, Italien, Türkei.
Blatt: Immergrün, oval, ledrig.
Blüte: Hellblau, 5-zipfelig; IV–V.
Frucht: Balgfrüchte, schmal zylindrisch.
Wuchs: Staude; 0,3–0,4 m hoch; Durchmesser 0,6–0,8 m.
Vorkommen: Gärten, lichte Wälder.
Giftige Pflanzenteile: Die gesamte Pflanze ist giftig.
Vergiftungserscheinungen: Blutdrucksenkung, Herz-, Kreislauf- und Atembeschwerden.

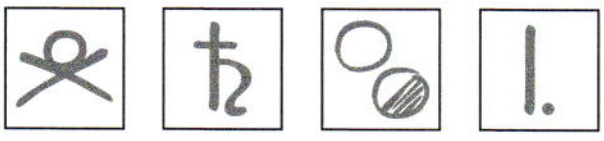

Vinca minor

Kleines Immergrün, Kleinblättriges Immergrün

Herkunft: Europa, Kaukasusländer, Iran.
Blatt: Immergrün, oval, ledrig.
Blüte: 5-zipfelig, hellblau; III–V.
Frucht: Balgfrüchte, schmalzylindrisch.
Wuchs: Halbstrauch; 0,10–0,15 m hoch.
Vorkommen: Gebüsche, Gärten, Laubwälder.
Giftige Pflanzenteile: Die gesamte Pflanze ist giftig.
Vergiftungserscheinungen: Blutdrucksenkung, Herz-, Kreislauf- und Atembeschwerden.

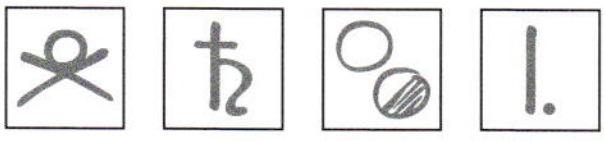

Vincetoxicum hirundinaria
Weiße Schwalbenwurz

Herkunft: Europa, Kaukasusländer, Türkei, Marokko, Algerien.
Blatt: Grün gefärbt; eilanzettlich; Blattende zugespitzt.
Blüte: Sternförmig, weiß; VI–VIII.
Frucht: Balgfrucht.
Wuchs: Staude; 0,6–1,0 m hoch.
Vorkommen: Kalkschutt, Waldränder, lichte Wälder.
Giftige Pflanzenteile: Die gesamte Pflanze ist giftig, besonders die Wurzeln.
Vergiftungserscheinungen: Speichelfluss, Erbrechen, Durchfall, Krämpfe und Lähmungen.

   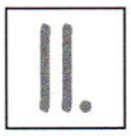

Wisteria sinensis
Chinesischer Blauregen, Blaue chinesische Glyzine

Herkunft: USA, China.
Blatt: Oberseite glänzend grün, Unterseite grün gefärbt; unpaarig gefiedert mit 7 bis 13 Blättchen; Blattende zugespitzt.
Blüte: Blauviolette bis bläulich weiße Einzelblüten, duftend; in Trauben; IV–VI.
Frucht: Längliche Hülse; dicht samtig.
Wuchs: Gehölz; 8–10 m hoch.
Vorkommen: Gärten.
Giftige Pflanzenteile: Samen, Wurzel, Holz, Rinde und Frucht sind giftig.
Vergiftungserscheinungen: Übelkeit und Erbrechen mit Durchfall und Kreislaufstörungen.

Verzeichnis der Synonyme

Synonym, nicht mehr gültiger Pflanzenname	Gültiger Pflanzenname
Aconitum lycoctonum, Aconitum vulparia	Aconitum lycoctonum subsp. vulparia
Aconitum pyramidale, Aconitum vulgare	Aconitum napellus
Agapanthus umbellatus	Agapanthus praecox subsp. praecox
Ailanthus giraldii, Ailanthus glandulosa, Ailanthus peregrina	Ailanthus altissima
Aloe barbadensis, Aloe perfoliata var. *vera, Aloe vulgaris*	Aloe vera
Andromeda japonica	Pieris japonica
Anemone pulsatilla	Pulsatilla vulgaris
Anthurium scherzerianum	Anthurium-Scherzerianum-Hybr.
Aralia chinensis var. *mandshurica, Aralia mandshurica, Dimorphanthus mandshuricus*	Aralia elata
Aralia japonica, Aralia sieboldii, Fatsia japonica	Fatsia japonica
Asclepias cornuti	Asclepias syriaca
Atragene alpina	Clematis alpina
Berberis aquifolium	Mahonia aquifolium
Bryonia dioica	Bryonia cretica subsp. dioica
Buxus sempervirens var. *arborescens*	Buxus sempervirens
Caladium marmoratum, Caladium picturatum, Caladium thripedestum, Caladium × hortulanum	Caladium bicolor
Cereus grandiflorus	Selenicereus grandiflorus
Chamaecyparis boursieri, Cupressus attenuata, Cupressus boursieri, Cupressus fragans, Cupressus lawsoniana, Cupressus nutkanus	Chamaecyparis lawsoniana
Cheiranthus cheiri	Erysimum cheiri
Corydalis bulbosa	Corydalis cava
Cyclamen aleppicum, Cyclamen aleppicum subsp. *puniceum, Cyclamen latifolium, Cyclamen puniceum, Cyclamen vernale*	Cyclamen persicum
Cyclamen europaeum	Cyclamen purpurascens
Cynanchum vincetoxicum	Vincetoxicum hirundinaria
Cytisus laburnum, Laburnum vulgare	Laburnum anagyroides
Datura suaveolens	Brugmansia suaveolens

Synonym, nicht mehr gültiger Pflanzenname	Gültiger Pflanzenname
Delphinium Belladonna Group	Delphinium-Belladonna-Gruppe
Delphinium Pacific Giant Group	Delphinium-Pacific-Gruppe
Dictamnus fraxinella	Dictamnus albus
Dieffenbachia maculata	Dieffenbachia seguine
Ephedra vulgaris	Ephedra distachya
Euphorbia bojeri, Euphorbia milii	Euphorbia milii
Euphorbia jacquiniiflora	Euphorbia fulgens
Gale palustris	Myrica gale
Globularia elongata	Globularia punctata
Hepatica triloba	Hepatica nobilis
Hippeastrum Cultivars	Hippeastrum-Cultivars
Lantana camara	Lantana camara-Sorten
Leucoium vernum	Leucojum vernum
Lycium halimifolium, Lycium vulgare	Lycium barbarum
Nymphaea Cultivars	Nymphaea-Sorten
Oenanthe phellandrium, Phellandrium aquaticum	Oenanthe aquatica
Padus serotina, Padus virginiana, Prunus virginiana	Prunus serotina
Papaver strigosum	Papaver rhoeas
Petasites officinalis	Petasites hybridus
Philodendron pertusum	Monstera deliciosa
Physalis franchetii	Physalis alkekengi var. franchetii
Poinsettia pulcherrima	Euphorbia pulcherrima-Sorten
Polygonatum officinale	Polygonatum odoratum
Ranunculus acer	Ranunculus acris
Rhamnus frangula	Frangula alnus
Sedum acre, Sedum krajinae	Sedum acre
Spathiphyllum wallisii	Spathiphyllum wallisii
Symphoricarpos racemosus	Symphoricarpos albus var. albus
Taxus baccata subsp. *eubaccata, Taxus baccifera, Taxus communis, Taxus lugubris, Taxus pectinata*	Taxus baccata
Tulipa Darwin-Hybrid-Group	Tulipa-Darwin-Hybriden-Gruppe
Wisteria chinensis	Wisteria sinensis

Vergiftungszentralen

Deutschland

Berlin

Institut für Toxikologie
Giftnotruf Berlin
Oranienburger Str. 285, 13437 Berlin
Telefon: (030) 1 92 40 im Notfall oder (030) 30 68 67 11 bei allgemeinen Fragen
Telefax: (030) 30 68 67 21
E-Mail: berlintox@giftnotruf.de
Internet: www.giftnotruf.de

Universitätsklinikum Rudolf Virchow
Abteilung Innere Medizin mit Schwerpunkt Nephrologie und Intensivmedizin
Augustenburger Platz 1, 13353 Berlin
Telefon: (030) 45 06 53–555
Telefax: (030) 45 05 53–915
Internet: www.charite.de/rv/nephro/Vergiftungen/vergiftungen.html

Bonn

Informationszentrale gegen Vergiftungen des Landes Nordrhein-Westfalen
Zentrum für Kinderheilkunde
Adenauerallee 119, 53113 Bonn
Telefon: (0228) 19 240 und (0228) 287–32 11
Telefax: (0228) 287–33 14
Internet: www.meb.uni-bonn.de/giftzentrale/

Erfurt

Gemeinsames Giftinformationszentrum der Länder Mecklenburg-Vorpommern, Sachsen, Sachsen-Anhalt und Thüringen
Nordhäuser Straße 74, 99089 Erfurt
Telefon: (0361) 730 730
Telefax: (0361) 730 73–17
E-Mail: info@ggiz-erfurt.de
Internet: www.ggiz-erfurt.de

Freiburg

Universitätskinderklinik, Informationszentrale für Vergiftungen
Mathildenstraße 1, 79106 Freiburg
Telefon: (0761) 19 240 im Notfall oder (0761) 27 04–361 für allgemeine Anfragen
Telefax: (0761) 27 04 457
E-Mail: giftinfo@kikli.ukl.uni-freiburg.de
Internet: www.giftberatung.de

Göttingen

Giftinformationszentrum-Nord
Bremen, Hamburg, Niedersachsen und Schleswig-Holstein
Robert-Koch-Straße 40, 37075 Göttingen
Telefon: (0551) 1 92 40 für alle und (0551) 38 31 80 für Ärzte
Telefax: (0551) 38 31 881
E-Mail:anfragen@giznord.de
Internet: www.giz-nord.de

Homburg/Saar

Informations- und Behandlungsszentrum für Vergiftungsfälle an Universitätskliniken,
Klinik für Kinder- und Jugendmedizin
Kirrberger Straße, 66421 Homburg/Saar
Telefon: (06841) 1 92 40 oder (06841) 16 28 314
Telefax: (06841)16 28 438
E-Mail: giftberatung@uniklinikum-saarland.de
Internet: www.med-rz.uni-sb.de/med_fak/kinderklinik/Vergiftungszentrale/body_vergiftungszentrale.html

Mainz

Giftinformationszentrum der Länder Rheinland-Pfalz und Hessen
Giftinformationszentrale Mainz
Klinische Toxikologie, Bau 209 IA
II. Medizinische Klinik und Poliklinik der Universität Mainz

Langenbeckstraße 1, 55131 Mainz
Telefon: (06131) 19 240 und
(06131) 23 24 66
Telefax: (06131) 23 24 68 oder 23 24 69
E-Mail: mail@giftinfo.uni-mainz.de
Internet: www.giftinfo.uni-mainz.de

München
Giftnotruf und Mobiles Gegengift-Depot
Toxikologische Abteilung der II. Medizinischen Klinik rechts der Isar
Ismaninger Straße 22, 81675 München
Telefon: (089) 19 240
Telefax: (089) 41 40 24 67
E-Mail: tox@lrz.tum.de
Internet: www.toxinfo.org

Nürnberg
Giftinformationszentrale der Medizinischen Klinik 2; Klinikum Nürnberg Nord
Prof.-Ernst-Nathan-Str. 1, 90340 Nürnberg
Telefon: (0911) 398–24 51 oder (0911) 398–2 26 65
Telefax: (0911) 39 8–2192
E-Mail: giftnotruf@klinikum-nuernberg.de

Österreich
Wien
Vergiftungsinformationszentrale, Allgemeines Krankenhaus
Währinger Gürtel 18–20, A-1090 Wien
Telefon: +43 14 06 43 43 im Notfall oder +43 14 040 02 222 für allgemeine Auskünfte
Internet: www.akh-wien.ac.at

Schweiz
Zürich
Schweizerisches Toxikologisches Informationszentrum
Freiestrasse 16, CH-8032 Zürich
Telefon: 145 für Notfälle oder +41 44 251 66 66 für allgemeine Auskünfte
Telefax: +41 44 252 88 33
E-Mail: info@toxi.ch
Internet: www.toxi.ch

Literatur

Dietrich Frohne, Hans Jürgen Pfänder
Giftpflanzen
Ein Handbuch für Ärzte, Apotheker, Toxikologen und Biologen
Wissenschaftliche Verlagsgesellschaft mbH, Stuttgart (1997).

Björn M. Hausen
Allergiepflanzen-Pflanzenallergene. Kontaktallergene
ecomed Verlagsgesellschaft mbH, Landsberg/München (2. Aufl. 2001).

Rainer Nowak
Notfallhandbuch Giftpflanzen.
Ein Bestimmungsbuch für Ärzte und Apotheker
Springer, Berlin (1998).

Lutz Roth, Max Daunderer, Kurt Kormann
Giftpflanzen – Pflanzengifte
Giftpflanzen von A–Z, Notfallhilfe, Allergische und fototoxische Reaktionen
Nikol Verlagsgesellschaft mbH & Co. KG, Hamburg (1994).

Institut für Pharmazeutische Biologie der TU Braunschweig: Gartenführer des Arzneipflanzengartens.

Bildquellen

Titelbild oben: Peter Dietze
Titelbild unten: Hans Reinhard
Die Abbildungen stammen von Burkhard Bohne, Susanne und Peter Dietze, Herbert Beer und Dr. Martin Gülpen.
Die Symbole zeichnete Helmuth Flubacher, Waiblingen nach Vorlagen des Verlages.

Register